集中力&計算力アップ！

かならずわかる！
はじめてのそろばん

堀野 晃 監修

ナツメ社

はじめに
そろばんとこの本について

　この本は、そろばんははじめてという人が、たし算・ひき算・かけ算・わり算の基本を学べるようになっています。
　小学生を対象に編集していますが、大人の方でも楽しく学習できます。親子で取り組んでもよいでしょう。

　そろばんの学習は、やさしい段階からステップをふみ、少しずつレベルアップするしくみになっています。この本では、各ステップでポイントになるパターンの例を図で示し、類題のドリルで定着を図るようになっています。
　そろばんの計算に習熟してくると暗算ができるようになります。そろばんの暗算は、玉を頭の中に思い浮かべて計算します。これはイメージトレーニングになり、脳の発育によいと考えられています。5章にそろばん式暗算のやり方を載せていますので、是非、チャレンジしてみてください。
　6章には、公益社団法人全国珠算学校連盟の全国珠算技能検定で実際に出題された問題を掲載しています。この本に掲載したのは3級までですが、その上に準2級、2級、準1級、1級、段位（初段～十段）の試験があります。本書でそろばんのやり方を覚え、検定試験で腕試しをしてみるのもよいでしょう。
　コラムには、そろばんについての豆知識も紹介しています。楽しみながらそろばんのやり方を学んでください。

　この本では、指の使い方と計算のやり方について、一般的な方法を載せています。そろばん教室や地域によっては、方法が異なる場合があります。どちらが正しいというものではないとご理解ください。

　そろばんで、集中力や記憶力、想像力が身についたという話を聞くことがあります。そろばんは、能（脳）力を開発するツールとして注目を浴びています。そろばんの魅力をぜひ体験してください。

堀野　晃

もくじ

はじめに	2
そろばん学習で能力アップ！	6
そろばん学習のやり方とコツ	10
この本の使い方	12
たっせいシート	15
そろばん学習 Q&A	16

1章 そろばんの基本

そろばんの部分の名前をおぼえよう	18
数を読んでみよう	19
たまを動かしてみよう	20
大きい数を表そう	23
コラム1　そろばんの歴史	26

2章 たし算とひき算

くり上がりのない1ケタのたし算	28
くり下がりのない1ケタのひき算	32
くり上がり・くり下がりのない2ケタのたし算・ひき算	36
かくにんテスト1	40
5をつくる計算	42

5からひく計算 ・・・・・・・・・・ 48
かくにんテスト2 ・・・・・・・・・・ 54
10をつくる計算 ・・・・・・・・・・ 56
10からひく計算 ・・・・・・・・・・ 62
かくにんテスト3 ・・・・・・・・・・ 68
6＋7のような計算 ・・・・・・・・・・ 70
14－6のような計算 ・・・・・・・・・・ 74
かくにんテスト4 ・・・・・・・・・・ 78
まとめておさらい　たし算とひき算 ・・・・・・・・・・ 80
コラム2　さまざまなそろばん ・・・・・・・・・・ 84

3章 かけ算

かけ算のルール ・・・・・・・・・・ 86
1ケタをかけるかけ算 ・・・・・・・・・・ 88
かくにんテスト5 ・・・・・・・・・・ 98
2ケタをかけるかけ算 ・・・・・・・・・・ 100
3ケタをかけるかけ算 ・・・・・・・・・・ 110
かくにんテスト6 ・・・・・・・・・・ 112
小数のかけ算のルール ・・・・・・・・・・ 114
小数のかけ算 ・・・・・・・・・・ 116
かくにんテスト7 ・・・・・・・・・・ 120
まとめておさらい　かけ算 ・・・・・・・・・・ 122
コラム3　そろばんでふしぎな計算式にチャレンジ！ ・・・・・・・・・・ 124

4章 わり算

- わり算のルール ………………………… 126
- 1ケタでわるわり算 ……………………… 128
- **かくにんテスト8** ……………………… 136
- 2ケタでわるわり算 ……………………… 138
- 3ケタでわるわり算 ……………………… 148
- **かくにんテスト9** ……………………… 150
- 小数のわり算 …………………………… 152
- **かくにんテスト10** …………………… 156
- **まとめておさらい** わり算 …………… 158
- **コラム4** そろばんで時刻と時間の計算をしてみよう …… 160

5章 暗算

- 暗算でたし算・ひき算 …………………… 162
- 暗算でかけ算 …………………………… 164
- 暗算でわり算 …………………………… 166
- **コラム5** そろばんで長さの計算をしてみよう …… 168

6章 検定試験にチャレンジ

- 検定試験ってどういうもの ……………… 170
- 珠算技能検定試験 問題（10〜3級） …… 172
- 珠算技能検定試験 解答（10〜3級） …… 188

【おうちの方へ】

集中力　忍耐力　計算力

そろばん学習で能力アップ！

そろばん学習は計算力だけでなく、様々な能力を伸ばすことが分かっています。その中でも、特に注目されている効果について見ていきましょう。

アドバイスいただいた先生！

① 脳の使い方が変わり、イメージ力・集中力が身につく

河野 貴美子（かわの きみこ）
NPO法人国際総合研究機構　副理事長、全国珠算教育連盟学術顧問。そろばん・将棋などの各種能力発揮時や、瞑想時における脳波などの測定から、脳の機能の研究を行う。

右脳を活動させるそろばん学習

　そろばん学習は子どもの脳に対して、どのような効果があるのでしょうか。脳波を測定する実験により、そろばん学習をしている子ども達は、そろばんを習っていない人とは違う脳の使い方をしていることが分かってきました。

　一般的に、計算をしている時は論理・言語などを扱っている左脳が活動する傾向があります。しかし、そろばん学習をしている子ども達は、計算をする時に、イメージ・感覚・ひらめきなどを扱っている右脳がより活動しているのです。

　右ページ上の図1は、計算をしている時の脳の状態を表しています。赤い部分が「β（ベータ）波」が出ている部分で、これは神経細胞を使っている時に出る脳波です。そろばんを習っていない人の脳に対して、そろばん有段者の脳は右側に多くのβ波が出ていることが分かります。そろばんを習っていない人は計算をする時、「13に69を足すと…」といったように数を言葉に置きかえて計算しています。しかし、そろばん学習者は頭の中でそろばんの玉を動かして計算をしているので

| 図1 | **計算中の脳波（β波）の比較** |

赤色が濃くなるにつれ、β波が強く出ている。

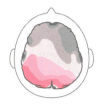
**そろばんを習って
いない人の脳**

右脳が活動
している
**そろばん有段者
の脳**

| 図2 | **そろばん有段者の
安静時と計算時の脳波（α波）** |

赤色が濃くなるにつれ、α波が強く出ている。

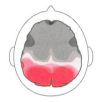
安静時

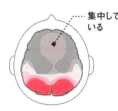
集中して
いる
計算時

す。その違いが脳の使い方にも現れていると考えられます。

　右脳を使うことでついたイメージ力はそろばん学習だけでなく、他の場面でも活用することが出来ます。有段者の中には、教科書の内容などを画像で覚えている方もいます。そろばん、と聞くと詰め込みの計算学習と思われるかもしれませんが、こうしたイメージ力を活用することで、創造的な思考・ひらめきにつながると考えられます。

1つのことを考えることで
集中力をきたえる

　図2は、そろばん有段者の脳波です。この図は、「α（アルファ）波」の様子を示しています。α波は、集中している時などに出る脳波です。計算時には、脳の前方部分にも色がつき、α波が出ていることが分かります。

　計算時は、1つのことに集中しているため、脳の前方の前頭葉にもα波が出ているのです。前頭葉は脳の司令塔であり、思考・やる気などを司る部分です。この部分は、子どもの頃に脳の配線を整え、発達するため、幼少期に前頭葉を鍛えることは、大人になってからの集中力や思考力につながります。

　手軽に手に入るそろばんは、遊びの感覚でも始められ、子どもの脳を鍛えるのに有効な学習方法なのです。

❷ 算数に自信がつき、ひとりひとりに合ったペースで学習できる

監修 堀野 晃

計算のしくみが理解できる

「数と計算に強くなる」「算数・数学に役立つ」という目的で、そろばんを始める人は少なくありません。

筆算だと難しく感じる計算でも、そろばんを使うと楽にわかる時があります。そろばんは、数を玉で表します。玉という具体物を操作して学習するので、くり上がりやくり下がりなど、計算のしくみがよく理解できるのです。そろばんも筆算も基本的な原理は同じです。そろばんの計算を理解することで、他の計算も理解できるようになるという効果が期待できます。

また、何千、何万といった大きな数が、そろばんなら抵抗なく扱えます。そろばんを学習すると数と計算に免疫ができ、大きな数を計算するのもこわくなくなります。

段階をふみ、自分のペースで進められる

そろばんは級制度になっていて、やさしい段階から少しずつレベルアップしていきます。そのため、学習者は自分の計算力を客観的に把握できます。そして級別に検定試験があり、合格という目標を持って学習に取り組めます。検定試験は年に何回も行われており、もし不合格になっても簡単に再挑戦できます。

そろばん学習を行うのは小学生が中心ですが、そろばん教室では中学生、高校生、大学生、社会人などが混じっている光景も珍しくはありません。この本も、算数を始めた子どもから、そろばんのやり方を思い出したい大人まで、幅広く使うことができます。

学齢などに関係なく、ひとりひとりに合ったペースで学習できるのがそろばんの特長です。

③ 集中力と暗算力がアップする

監修
堀野 晃

学習を進めるにつれ、集中力が増す

　計算のレベルが上がると、かなり大きな数を、はやく正確に計算しなければなりません。そろばんを続けていると、最初は短い時間しか集中できなかった小学生でも、しだいに集中力が上がっていきます。また、検定試験に合格するためには、各級に合った集中力が必要です。つまり、そろばんは、計算が難しくなっていくにつれて、集中力も少しずつレベルアップしていくようになっているのです。

　そろばんで培った集中力は、算数だけでなく、いろいろな分野の学習にも役立ちます。

全ての基礎となる計算する力

　そろばんに習熟してくると暗算が得意になります。そろばんは、昔のようにビジネスの現場ではあまり使われなくなりましたが、そのためか暗算に力を入れるそろばん教室が増えています。

　暗算の習熟は、買い物などの普段の生活での計算はもちろん、仕事を行う際の見積もりや概測など、社会に出てからも有益な能力となるでしょう。そして、ただの計算の上達だけでなく、数についての豊かな感覚を生むので、考える力にも結びつくのです。

　そろばんで養われた計算力は、知的基礎能力になると言えます。知的基礎能力は、あらゆる分野の学習に求められます。この能力が充実することにより、日常で起こる様々なことを覚えたり、状況に応じて的確な判断をしたりする時などにも生きてくるのです。

そろばん学習のやり方とコツ

❶ そろばん学習のやり方

◆ 親子で本を見ながら

　小学校3年生程度までは、お子さまだけでこの本を見て学習していくのは、難しいかもしれません。保護者の方と一緒に進めていくと、つまずきが少なくなり、学習に取り組みやすくなります。

　この本で学習するのは、計算の基本です。始めは、覚えるというより、一緒に考えるという姿勢で取り組んでください。

◆ 標準的な計算法を紹介

　指の動かし方などの計算方法は、多くのそろばん教室で指導され、算数の教科書にも載る標準的なものを採用しました。しかし、必ずこの本の通りにやらなければならない、というわけではありません。基本の考え方がわかればよいので、あまり難しく考えず気楽に取り組んでください。

❷ そろばん学習の時間

◆ 毎日少しずつの学習を

　そろばん教室では、1時間ずつ、週に2〜3回通うのが通例です。1時間といっても、ずっとそろばんを弾き続けるのではありません。それだけの時間集中し続けるのは難しく、小学生や幼児ならなおのことです。そのためそろばん教室では、10分そろばんを弾いたら次の10分は暗算、と計算の種類を変えたり、パズルや塗り絵を組み込むなど、工夫を凝らした授業をしています。

　こうした工夫を家で行うのは難しいので、この本で学習する場合は、短い時間で行うのがよいでしょう。1日10分から15分程度、毎日少しずつ進めるのが効果的です。

③ 上達のコツ

◆ 反復練習で計算に慣れる

計算のしくみを理解することはとても大切ですが、そろばんではその上の習熟が必要となります。数字を見たら反射的に指が動くようにならないと、検定試験には合格できないからです。

そろばんが上達するコツは、1つ計算法を理解したら、類似する計算の練習を積み、慣れてきたら次のステップに進むことです。先を急がずに、毎日少しずつ進めてください。

また、同じ計算問題を習熟するまで何回も復習するとよいでしょう。

④ 読み上げ算をしてみましょう

◆ 練習に変化をつける

この本では、書いてある数を見て計算をする見取り算だけでなく、数を読んで計算する読み上げ算も取り入れています。読み上げ算は、そろばん教室では定番の学習方法であり、同じ計算問題を復習するのに役立ちます。

保護者の方が読み上げてお子さまが計算すれば、勉強しながら親子のコミュニケーションも図れるのではないでしょうか。

読み上げ方

右の計算問題の場合は、次のように読み上げます（符号がついていない数はたして、「－」がついているものはひいていきます）。**「願いましては、3円なり、5円なり、ひいては7円なり、加えて6円では」**。

ご家庭での学習なので、そろばん教室の読み方にとらわれる必要はありません。「読みますよ。3メートル、5メートル、ひく7メートル、たす6メートル」のように、単位を変えたりして工夫すると楽しいかもしれません。

```
   3
   5
 - 7
   6
 ───
```

この本の使い方

本の進み方

この本では、ステップをふんでそろばん学習を進めていきます。問題だけをみて計算できるように、だんだんとなれていきましょう。

いっしょにやってみよう
●計算のやり方のせつめい

ここではやり方を読みながら、たまを動かしてみましょう。

練習しながらおぼえよう
●こたえをていねいにしょうかい

まずは1人で計算してみましょう。わからなくなった時は、やり方をみながらかくにんすることができます。

かくにんテスト
●やり方をおぼえたかチェック

レッスンを5つくらい進むと出てきます。何度も計算して、考えなくても計算できるようにしましょう。

まとめておさらい
●点数アップも目指して

章のさいごについています。その章の計算を正しくできるかどうか、ためしてみましょう。

登場するキャラクター

リスバン先生

そろばんのことならおまかせ！
そろばんのやり方を
やさしく教えてくれます。
そろばんのたまの形をした
木の実は、先生のおやつ？

かずくん

そろばんをはじめて習う
男の子。たまにやり方を
わすれてしまいますが、
じっくり考えて計算します。

けいちゃん

かずくんと同じく、
そろばんにさわるのは
はじめて。そろばんで
計算のしくみがわかるのが、
面白いようです。

そろばんのたまの見方

本にのっているそろばんのたまは、3つの色にわかれています。
ついている記号も学習の手助けをしてくれます。

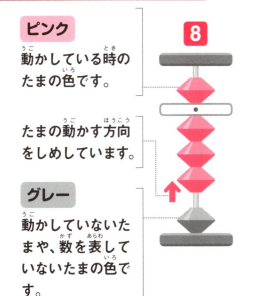

ピンク
動かしている時の
たまの色です。

たまの動かす方向
をしめしています。

グレー
動かしていないた
まや、数を表して
いないたまの色で
す。

図で計算している
数を表しています。

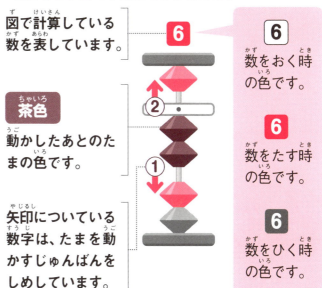

茶色
動かしたあとのた
まの色です。

矢印についている
数字は、たまを動
かすじゅんばんを
しめしています。

[6] 数をおく時の色です。

[6] 数をたす時の色です。

[6] 数をひく時の色です。

くり返しできる計算練習

そろばんは、練習を何回もくり返すことで上達していきます。この本をうまく使って、そろばんをマスターしましょう。

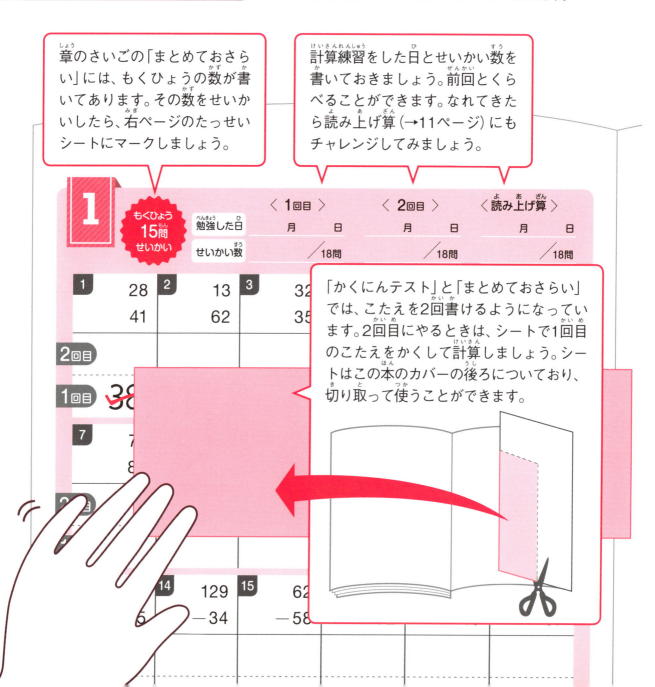

章のさいごの「まとめておさらい」には、もくひょうの数が書いてあります。その数をせいかいしたら、右ページのたっせいシートにマークしましょう。

計算練習をした日とせいかい数を書いておきましょう。前回とくらべることができます。なれてきたら読み上げ算（→11ページ）にもチャレンジしてみましょう。

「かくにんテスト」と「まとめておさらい」では、こたえを2回書けるようになっています。2回目にやるときは、シートで1回目のこたえをかくして計算しましょう。シートはこの本のカバーの後ろについており、切り取って使うことができます。

たっせいシート

「まとめておさらい」のもくひょうの数をせいかいしたら、
下の花マルをなぞり、日付を書きましょう。

2章
たし算とひき算 まとめておさらい（80〜83ページ）

3章
かけ算 まとめておさらい（122〜123ページ）

4章
わり算 まとめておさらい（158〜159ページ）

そろばん学習 Q&A

Q そろばんは、何歳から始めるとよいですか？小学校5年生からだと遅いですか？

A 始めるのに適した年齢というのはありません。幼児から習える教室もありますが、苦手な算数を克服したい小学校高学年、脳の老化防止が目的の高齢者など、始める時期と動機はそれぞれです。いつから始めても、個人に合ったペースで進められるのがそろばんの特長です。

Q そろばんは、どんなものを使えばよいですか？

A 玉の材質は樺か柘植で、23ケタか27ケタのものが標準的です。玉がプラスチックのものや15ケタ以下のものでも、はじめのうちは差し支えありません。検定試験の級が進むなど、計算の量が増えて不都合を感じたら、標準的なものに代えるとよいでしょう。

Q 左利きの子どもは、どちらの手で玉を弾けばよいですか？

A 左手で字を書くのなら、玉も左手で弾くのがよいでしょう。ただし、字は左手でも玉は右手で弾くように勧めるそろばん教室もあります。

そろばんの基本(きほん)

そろばんで計算(けいさん)をするために、じゅんびをしていきましょう。
ここでは、そろばんの数(かず)の読(よ)み方(かた)や指(ゆび)の動(うご)かし方(かた)を学(まな)んでいきます。

レッスン1 そろばんの部分の名前をおぼえよう

計算を始める前に、そろばんの部分の名前をおぼえておきましょう。

そろばんの部分の名前

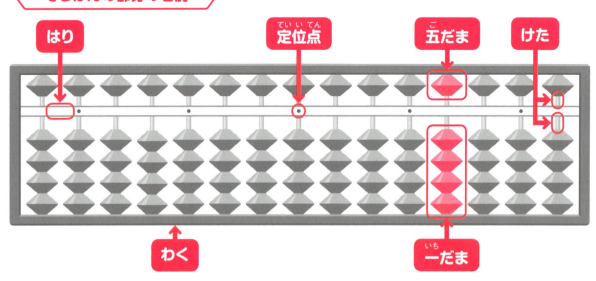

これがそろばんか〜！これで計算ができるの？

白い線の上に点●がついているぞ。これは何だろう？

白い線をはりというよ。はりの上にあるたまを**五だま**、はりの下に4つずつならんでいるたまを**一だま**とよぶんだ。点●は**定位点**といって大事なやくわりがあるんだよ。

レッスン 2 数を読んでみよう

そろばんは、たまで数を表します。

そろばんでは**一だま1つで1、五だま1つで5を表すよ。**下の図の数を読んでみよう。

はりにくっついているたまをみればいいのね。

一だまが1つで
1

一だまが2つで
2

一だまが3つで
3

一だまが4つで
4
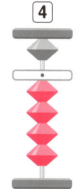

五だまは1つで
5
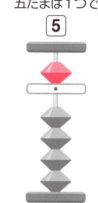

五だまと一だま1つで
6
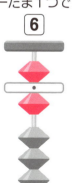

五だまと一だま2つで
7
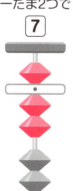

五だまと一だま3つで
8

五だまと一だま4つで
9
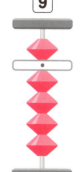

5と4で9を表しているんだね！

レッスン3 たまを動かしてみよう

計算の用意をしてから、たまを自分で動かしてみましょう。

そろばんを行う時のしせい

つくえに向かって
しせいよくすわろう！
体はリラックス
させておくといいよ。

中指・薬指・小指は軽くにぎっておく。

せすじをのばしてすわる。

そろばんを軽くおさえておく。

計算の用意をしよう

1 そろばんを手前にかたむけて、たまを全部下ろし、そのままもとに戻します。

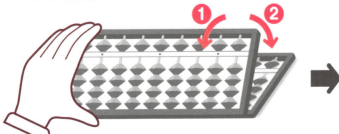

2 人さし指を左から右へすべらせ、下がった五だまを全て上げます。

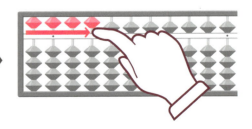

たまの動かし方

この本ではさいしょに数を表すことを「**おく**」とひょうげんするよ。
いっしょにたまの動かし方をみていこう。

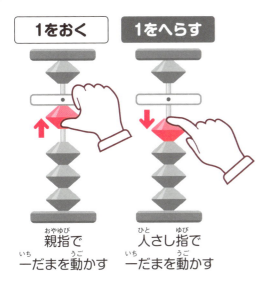

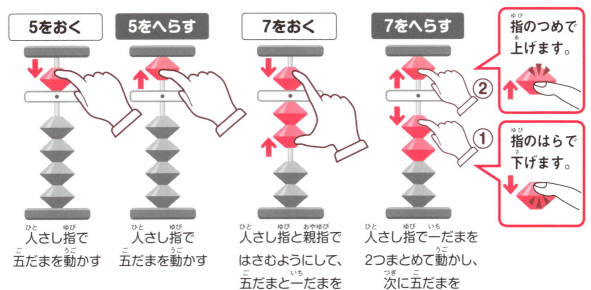

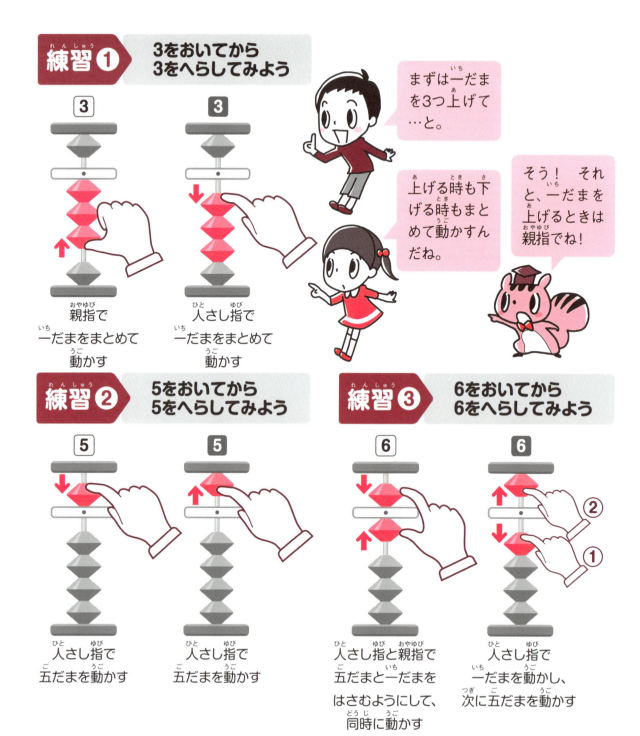

レッスン4 大きい数を表そう

2けた以上の数をそろばんではどう表すかみていきましょう。

次は大きい数を表してみよう。次の数はどうやってそろばんにおけばいいかな？

えーっと、6のおき方はわかるけど、246はどうおくんだろう？

246
↓ ↓ ↓
2 4 6

246のおき方

一万の位 … 千の位 百の位 十の位 一の位

ココに注意！

数をおくときは大きな位からおいていきましょう。
この場合は2→4→6のじゅんばんです。

定位点 ● があるところを一の位にするよ。 その左が十の位、もう一つ左が百の位…となっていくからおぼえておこう。

定位点はほかにもあるけど、どこにおいてもいいの？

どこでもいいけれど、真ん中の定位点を一の位にすると、使いやすいよ。

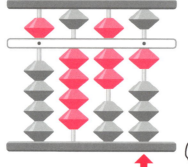

一の位

練習 ❶ 次の数を数字で書いてみよう

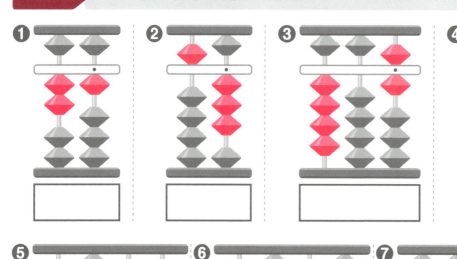
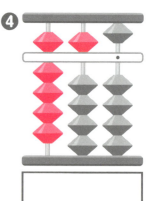
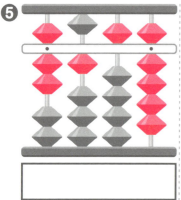

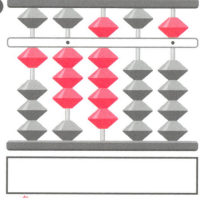

※ ❺〜❼は右の定位点が一の位　★こたえの千の位と百の位の間にはコンマ(,)を書きましょう。　こたえは26ページ

練習❷ 108をおいてみよう

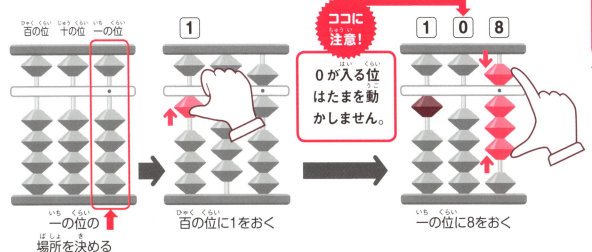

練習❸ 3,952をおいてみよう

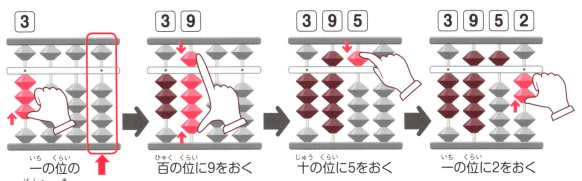

これより大きな数が出てきても、やり方をおぼえちゃえば、だいじょうぶだね！

そろばんの使い方はなれてきたかな？次はいよいよ計算にちょうせんだ!!

コラム1 そろばんの歴史

そろばんの歴史は古く、紀元前3000年ごろ、メソポタミア地方で「すなそろばん」が生まれたといわれています。これは、すなの表面に線を引き、その上に小石をおいて計算するというものでした。

ギリシャなどでは、板に線を引き、その上にたまを置いて計算する「線そろばん」が、紀元前2500年ごろに生まれています。

紀元前300年ごろには、ローマで「みぞそろばん」が使われていました。これは、ばんのみぞにたまをはめこんだもので、今のそろばんと形が少しにています。

日本には1500年ごろ、中国からつたわったとされています。

江戸時代の中ごろになると、主に「読み・書き」を教えていた寺子屋が増え、そろばんを教えるところもありました。商業だけではなく、農業にとってもそろばんが大事な知識とされ、日本の半分以上の人たちが「読み・書き・そろばん」ができたと考えられています。

当時のそろばんは、五だまが2つと一だまが5つという形でした。明治以降に今の形のそろばんになりました。

メソポタミア地方のすなそろばん

ローマのみぞそろばん

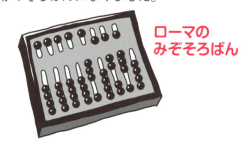

江戸時代の寺子屋

24ページのこたえ　❶ 21　❷ 53　❸ 406　❹ 950　❺ 7,159　❻ 8,462　❼ 13,905

2章 たし算とひき算

いよいよ、そろばんを使った計算に入ります。たし算やひき算は、すべての計算の基本になります。しっかりおぼえましょう。

レッスン 5-1 くり上がりのない 1ケタのたし算

いっしょにやってみよう

たまの動かし方をかくにんしながら計算しましょう。

いっしょにやってみよう ① 1＋2を計算しよう

 ココに注意！

一の位の数は定位点 ⦁ のあるところにおきましょう。

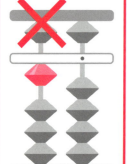

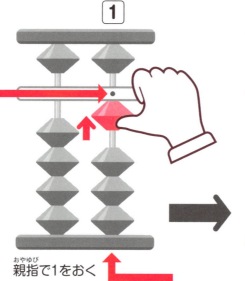
親指で1をおく

親指で2をたす

1をおいたところと同じ場所にたそう！

2 をたしたいけど、どこにたせばいいのかな？

2をたすときは、一だまを2ついっしょに動かすんだよね！

こたえ 3

いっしょにやってみよう ② 2＋5を計算しよう

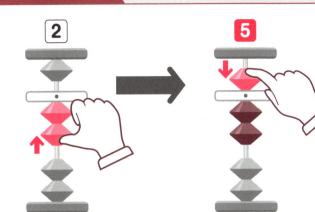

五だまは人さし指で動かすんだったね。覚えているかな？

指のはらを使って動かせばいいんだよね。

こたえ 7

いっしょにやってみよう ③ 3＋6を計算しよう

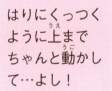

はりにくっつくように上までちゃんと動かして…よし！

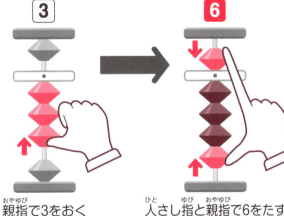

6は、五だま1つと一だま1つで表すんだったね。五だまと一だまを**指ではさむように**して、たそう。

ココに注意！ 6、7、8、9をたすときは、**五だまと一だま**をべつべつに動かさずに、**同時にはさんで**たしましょう。

こたえ 9

レッスン 5-2 くり上がりのない 1ケタのたし算

練習しながらおぼえよう

計算しながら親指・人さし指の使い方をおぼえていきましょう。

練習❶　1 + 7 = ☐

よーし、どんどんいくぞー！

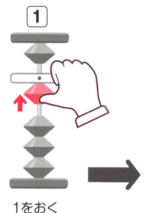
1をおく　　7をたす

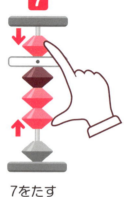

ちゃんと定位点のあるところに、たまをおいたかな？

こたえ **8**

練習❷　5 + 2 + 1 = ☐

3つの数のたし算だよ。ゆっくりでいいから、指の動かし方をせいかくにね！

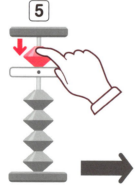
5をおく

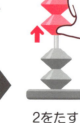

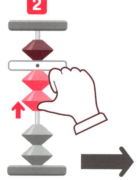
2をたす

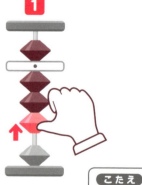
1をたす

こたえ **8**

練習 ③　1 + 5 + 3 = ☐

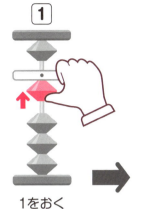

親指、人指し指、次はまた親指を使うのか。こんらんしてきた！

なれてくれば、しぜんにできるようになるよ。

こたえ　9

1をおく　→　5をたす　→　3をたす

練習 ④　1 + 6 + 2 = ☐

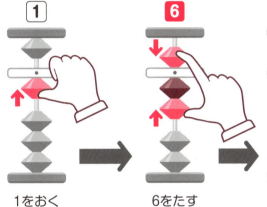
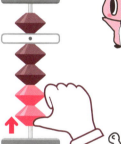

こたえはちゃんと9の形になったかな？

できた！　たし算はだんだんなれてきたよ！

こたえ　9

1をおく　→　6をたす　→　2をたす

やってみよう　レベル1

① 3 + 1 = ☐　　⑤ 2 + 6 = ☐　　⑨ 2 + 1 + 6 = ☐
② 5 + 4 = ☐　　⑥ 1 + 8 = ☐　　⑩ 1 + 3 + 5 = ☐
③ 6 + 2 = ☐　　⑦ 1 + 1 + 2 = ☐　　⑪ 6 + 1 + 1 = ☐
④ 4 + 5 = ☐　　⑧ 1 + 5 + 2 = ☐　　⑫ 1 + 7 + 1 = ☐

こたえは32ページ

レッスン 6-1 くり下がりのない 1ケタのひき算

たまをへらす時は人さし指を使います。

いっしょにやってみよう

いっしょにやってみよう ① 4-3を計算しよう

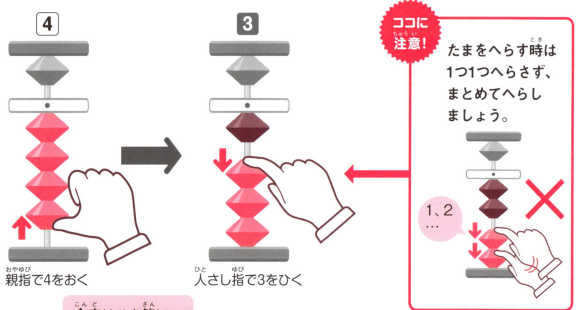

ココに注意！
たまをへらす時は1つ1つへらさず、まとめてへらしましょう。

親指で4をおく　人さし指で3をひく

今度はひき算にちょうせんだ！はじめに数をおくところまではたし算と同じだね。

一だま3つ 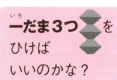 をひけばいいのかな？

そのとおり！一だまを3つひくと、一だまが1つのこったね。だからこたえは1になるんだよ。

こたえ　1

31ページのこたえ　❶4　❷9　❸8　❹9　❺8　❻9　❼4　❽8　❾9　❿9　⓫8　⓬9

いっしょにやってみよう ② 7−5 を計算しよう

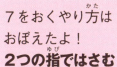
7をおくやり方はおぼえたよ！**2つの指ではさむように**だよね。

親指と人さし指で 7をおく

人さし指で5をひく

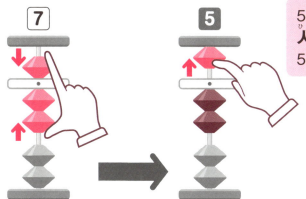
5をひく時は**人さし指のつめで**5だまを動かそう。

こたえ 2

いっしょにやってみよう ③ 9−6 を計算しよう

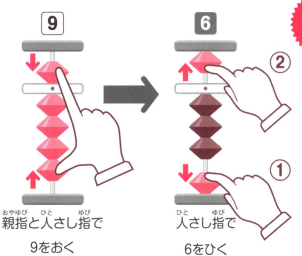
親指と人さし指で 9をおく

人さし指で 6をひく

ココに注意！
6、7、8、9をへらす時はさいしょに一だまを、次に五だまを動かしましょう。

くり返し練習して、たまを動かすじゅんばんもおぼえちゃおう！

こたえ 3

レッスン 6-2 くり下がりのない 1ケタのひき算

練習しながらおぼえよう

一だまは人さし指のはらでへらしましょう。

練習❶　8 − 7 = ☐

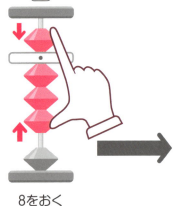
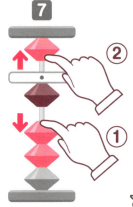

はやく計算することよりも正しく計算することが大事だよ。

さきに一だまを動かして、次に五だまを動かすんだよね！

こたえ **1**

練習❷　9 − 1 − 2 = ☐

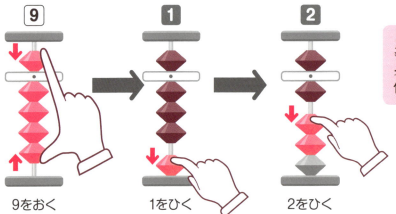

たまをへらす時は、人さし指しか使わないんだ。

こたえ **6**

練習❸ 8 − 2 − 5 = ☐

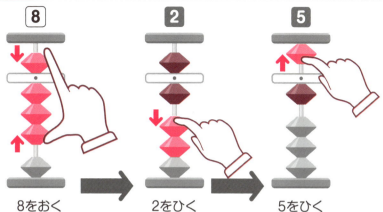

もしまちがえちゃってもだいじょうぶ！もう1回やりなおして、まちがえたところをかくにんしよう。

こたえ **1**

練習❹ 9 − 6 − 1 = ☐

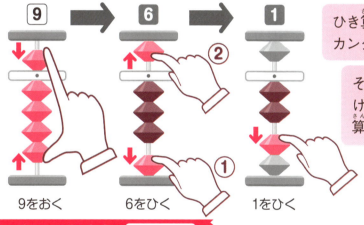

ひき算もなれればカンタン！

その調子！ つづけて下の問題を計算してみよう。

こたえ **2**

やってみよう レベル1

❶ 4 − 1 = ☐　　❺ 8 − 6 = ☐　　❾ 9 − 1 − 6 = ☐
❷ 9 − 4 = ☐　　❻ 9 − 8 = ☐　　❿ 8 − 3 − 5 = ☐
❸ 8 − 2 = ☐　　❼ 4 − 1 − 2 = ☐　　⓫ 9 − 5 − 2 = ☐
❹ 6 − 5 = ☐　　❽ 8 − 2 − 1 = ☐　　⓬ 8 − 7 − 1 = ☐

こたえは36ページ

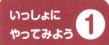

くり上がり・くり下がりのない 2ケタのたし算・ひき算

いっしょにやってみよう

そろばんでは、大きな位からさきに計算します。

いっしょにやってみよう ① 14＋35 を計算しよう

計算する数が2ケタになったね。2ケタの数のおき方はわかるかな？

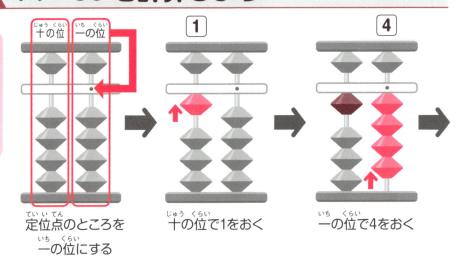

定位点のところを一の位にする → 十の位で1をおく → 一の位で4をおく

えーっと35をたすときは、どこからたまを動かすのかな？

数をおいた時と同じように十の位からたしていこう！

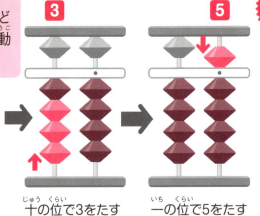

十の位で3をたす → 一の位で5をたす

ココに注意！ 数をたす時もひく時も、大きい位からたまを動かします。

こたえ **49**

36　35ページのこたえ　❶3　❷5　❸6　❹1　❺2　❻1　❼1　❽5　❾2　❿0　⓫2　⓬0

いっしょにやってみよう ② 52＋47 を計算しよう

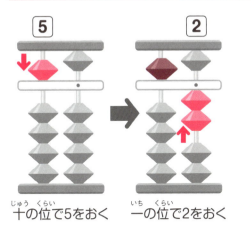
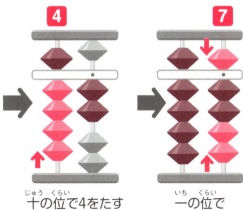

こたえ **99**

いっしょにやってみよう ③ 96－51 を計算しよう

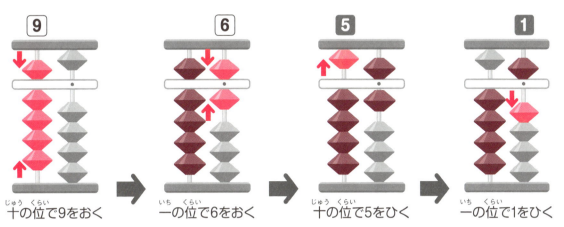

ひき算の場合も十の位から数をひいていくんだね。

そうだね。筆算では小さい位から計算するけど、そろばんでは大きい位からなんだよ。

こたえ **45**

レッスン 7-2 くり上がり・くり下がりのない 2ケタのたし算・ひき算

たし算とひき算がまざっていてもやり方は同じです。

練習しながらおぼえよう

練習❶ 83 − 62 = ☐

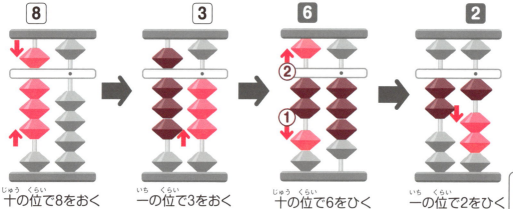

| 十の位で8をおく | 一の位で3をおく | 十の位で6をひく | 一の位で2をひく |

こたえ **21**

練習❷ 21 + 50 + 18 = ☐

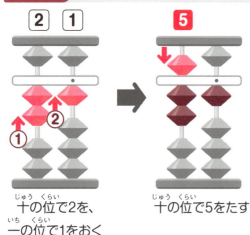

十の位で2を、一の位で1をおく

十の位で5をたす

0なので、一の位はたまを動かさないよ。気をつけてね！

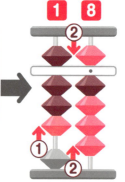

十の位で1を、一の位で8をたす

こたえ **89**

練習❸ 94 − 84 + 69 = ☐

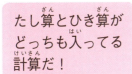
たし算とひき算がどっちも入ってる計算だ！

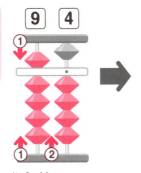
十の位で9を、一の位で4をおく

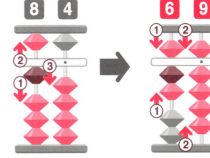
十の位で8を、一の位で4をひく

十の位で6を、一の位で9をたす

こたえ **79**

練習❹ 13 + 65 − 27 = ☐

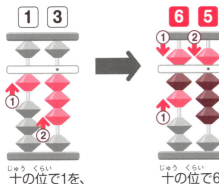
十の位で1を、一の位で3をおく

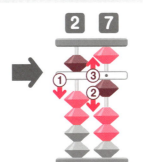
十の位で6を、一の位で5をたす

十の位で2を、一の位で7をひく

みんなは何問せいかいできたかな？

こたえ **51**

やってみよう レベル1

❶ 13 + 25 = ☐
❷ 51 + 36 = ☐
❸ 14 + 70 = ☐
❹ 98 − 53 = ☐
❺ 79 − 18 = ☐
❻ 82 − 62 = ☐
❼ 50 + 29 + 10 = ☐
❽ 68 − 53 + 14 = ☐
❾ 25 + 74 − 91 = ☐
❿ 17 + 20 + 61 = ☐
⓫ 94 − 30 − 52 = ☐
⓬ 89 − 87 + 45 = ☐

こたえは40ページ

くり上がり・くり下がりのない 1ケタのたし算・ひき算 2ケタのたし算・ひき算

レッスン5〜7 かくにんテスト1

1回目は右のマスにこたえを書いて、2回目は右のマスをかくして左のマスにこたえを書こう！ 使い方は14ページをみてね！

〈1回目〉　　月　　日　　／20問
〈2回目〉　　月　　日　　／20問
〈読み上げ算〉　月　　日　　／20問

1 レベル1

① 1 + 3 =
② 5 + 4 =
③ 2 + 7 =
④ 3 − 2 =
⑤ 6 − 1 =
⑥ 9 − 7 =
⑦ 2 + 2 + 5 =
⑧ 9 − 6 − 2 =
⑨ 4 + 5 − 2 =
⑩ 2 + 7 − 1 =

⑪ 12 + 61 =
⑫ 38 + 11 =
⑬ 60 + 34 =
⑭ 42 − 12 =
⑮ 37 − 16 =
⑯ 87 − 25 =
⑰ 21 + 2 + 11 =
⑱ 10 + 16 + 52 =
⑲ 31 + 12 − 23 =
⑳ 89 − 27 + 15 =

39ページのこたえ　❶38　❷87　❸84　❹45　❺61　❻20　❼89　❽29　❾8　❿98　⓫12　⓬47

このページもたし算とひき算の問題だよ。符号がついていない数はたして、「ー」がついている数はひいていこう。

1 だったら 24＋70 っていうことだね！

勉強した日		せいかい数
〈 1回目 〉	月　日	／16問
〈 2回目 〉	月　日	／16問
2 〈読み上げ算〉	月　日	／16問

1	24	2	50	3	77	4	86
	70		34		－21		－15

2回目

1回目

★こたえの千の位と百の位の間にはコンマ(,)を書きましょう。

5	571	6	802	7	684	8	1,257	9	7,014	10	8,254
	215		176		－153		5,631		2,985		－6,102

2回目

1回目

11	87	12	73	13	986	14	5,783	15	8,624	16	4,936
	－6		－61		－775		－152		－1,501		－2,315
	13		137		232		－620		716		7,268

2回目

1回目

こたえは 55 ページ

レッスン 8-1 5をつくる計算①

一だまだけでたせない時は、5をつくる計算をしましょう。

いっしょにやってみよう

いっしょにやってみよう ① 3＋4を計算しよう

まずはいつものように、3をおいて…。

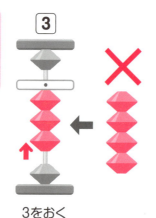
3をおく

あれ？ 4をたしたいけど、**一だまがたりないや。** どうしたらいいんだろう？

そういう時は、**五だまを使って計算**するんだよ！ まずは5をたしてみよう。

5をたす

でも4をたしたいのに5をたしたら、1多くなっちゃうよ。

そうだね。そこで**多すぎる1をひこう**。これで4をたしたことになるね。

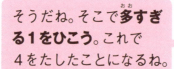
1をひく

できた！ こたえは7だ！

こたえ
7

いっしょにやってみよう ② 4＋4を計算しよう

4をおく

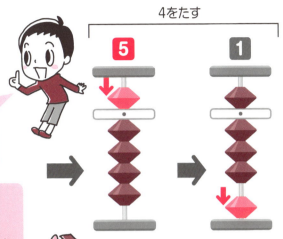

えーっと、4に4をたすときは、5をたしてから、1をひくんだよね。

そうだね！やり方はさっきの問題といっしょだよ。

5をたす → 1をひく

こたえ 8

● 5をつくる計算では1と4、2と3が5をつくるともだちの数になります。おぼえておきましょう。

5をつくる計算の時は1と4、2と3の組み合わせを思い出してね。

5をつくる計算の組み合わせ

1をたす	➡ 5をたして、4をひく
2をたす	➡ 5をたして、3をひく
3をたす	➡ 5をたして、2をひく
4をたす	➡ 5をたして、1をひく

レッスン 8-2 5をつくる計算①

五だまと一だまを動かすじゅんばんに注意しましょう。

練習しながらおぼえよう

練習❶　4 + 3 = ☐

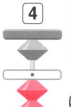 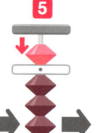 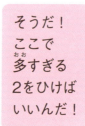  

さいしょは何をするんだっけ？

まずは5をたしてみて！

そうだ！ここで多すぎる2をひけばいいんだ！

4をおく　→　5をたす　→　2をひく

こたえ **7**

練習❷　4 + 2 = ☐

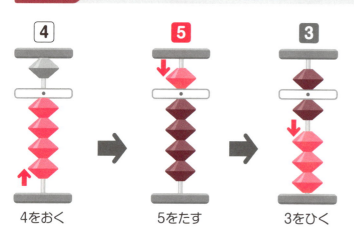 

4をおく　→　5をたす　→　3をひく

五だまをたしてから一だまをひくじゅんばんだよね。

こたえ **6**

練習❸ 4 + 1 = ☐

1をたすのに五だまを使うと、多すぎるのは4だね。

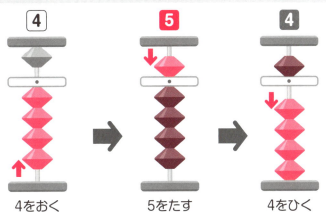

4をおく → 5をたす → 4をひく

こたえ **5**

練習❹ 20 + 40 = ☐

十の位の計算だ！できるかな？

だいじょうぶ！計算する場所がちがうだけで、やり方はかわらないよ。

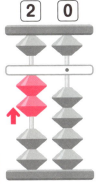

20をおく → 十の位で5をたす（40＝50－10だから…） → 十の位で1をひく

こたえ **60**

やってみよう　レベル2

1	2	3	4	5	6
3	1	3	20	40	30
3	4	2	30	20	40

こたえは46ページ

レッスン9 5をつくる計算②

2ケタの計算の場合は、十の位と一の位をわけて計算します。

いっしょに やってみよう

いっしょにやってみよう ① 31＋27 を計算しよう

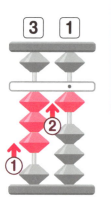
31をおく

2ケタの数は十の位からたしていくんだよね。でも十の位に2はたせないよ。

十の位で5をつくる計算をすればいいんだよ！2をたすには、5をたして何をひけばいいかな？

20をたす

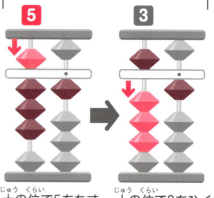
十の位で5をたす　　十の位で3をひく

そっか！これで20をたしたこたえになるんだね！

そうだね。あとは一の位に7をたせばこたえがでるよね。

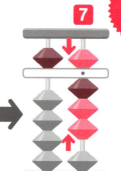
7をたす

ココに注意！

5をつくる計算でも、十の位から計算します。数がもっと大きくなっても大きい位からじゅんに計算しましょう。

こたえ　58

46　45ページのこたえ　❶16　❷25　❸35　❹50　❺60　❻70

いっしょにやってみよう ❷ 42＋34 を計算しよう

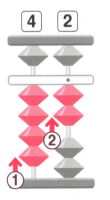

42をおく

まずは、34のうち30をたしてみよう。十の位で4に3をたすには…。

30をたす

十の位で5をたす　十の位で2をひく

4をたす

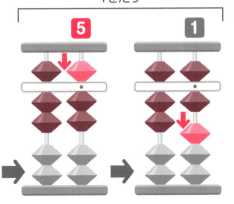

5をたす　1をひく

それぞれの位で5をつくる計算をすればいいんだ！

そうだね！
2ケタの計算でも1ケタずつわけて考えればむずかしくないよね。

こたえ
76

やってみよう　レベル2

1		2		3		4		5		6	
	64		23		40		31		42		23
	21		73		28		45		13		42

こたえは48ページ

レッスン 10-1 5からひく計算①

一だまだけでひけない時は、5からひく計算をしましょう。

いっしょに やってみよう

いっしょにやってみよう ① 8−4を計算しよう

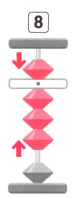
8をおく

一だまで4をひくことはできないや。どうしたらいいんだろう？

じゃあ五だまを使って計算しよう。まず5をひいたらどうなるかな？

それだと1ひきすぎだよ。そうか！そこでその1をたすんだね。

ココに注意！

5からひく計算では、一だまを動かしたあと、五だまを動かします。

さきに1をたしてから5をひくのね！ちょっとこんらんしちゃいそう…。

4をひく

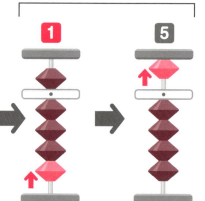
1をたす　　5をひく

だいじょうぶ！練習をつづけていれば、考えなくてもできるようになるよ。

こたえ　4

48　47ページのこたえ　❶85　❷96　❸68　❹76　❺55　❻65

いっしょにやってみよう ② 6－4を計算しよう

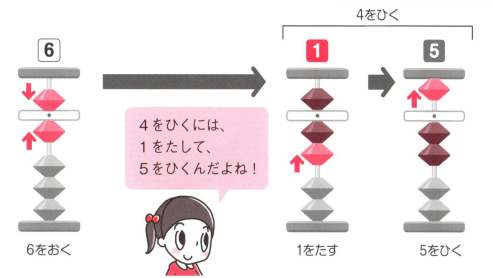

4をひくには、1をたして、5をひくんだよね！

こたえ **2**

5からひく計算の組み合わせ

5からひく計算をする時は、さきに5をつくるともだちの数をたそうね。

1をひく	4をたして、5をひく
2をひく	3をたして、5をひく
3をひく	2をたして、5をひく
4をひく	1をたして、5をひく

5からひく計算①

4と1がともだち、3と2がともだち、を頭に入れておきましょう。

練習しながらおぼえよう

練習❶ 6 − 3 = ☐

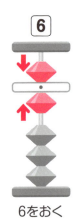
6をおく

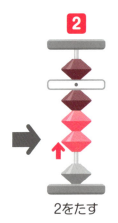
2をたす

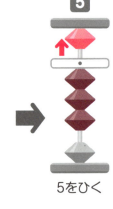
5をひく

五だまは人さし指で上げるんだったね。ちゃんとできたかな？

こたえ **3**

練習❷ 6 − 2 = ☐

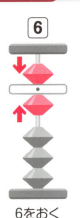
6をおく

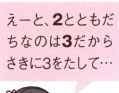
えーと、2とともだちなのは3だからさきに3をたして…

3をたす

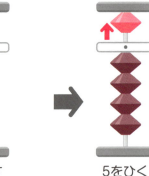
5をひく

こたえ **4**

練習 ❸ 5 − 1 = □

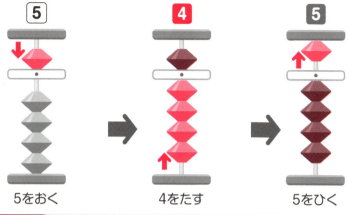

5をおく → 4をたす → 5をひく

わからなくなったら、48〜49ページをもう一度みなおそう。

こたえ **4**

練習 ❹ 70 − 40 = □

十の位の計算だけど、やり方は一の位のときと同じだね。

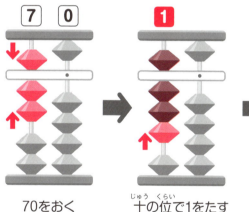

70をおく → 十の位で1をたす → 十の位で5をひく

こたえ **30**

やってみよう レベル2

1	2	3	4	5	6
5 −2	7 −3	5 −4	60 −30	50 −10	80 −40

こたえは52ページ

51

レッスン11 5からひく計算②

大きい位の数からじゅんに計算をします。

いっしょにやってみよう

いっしょにやってみよう ① 58－27 を計算しよう

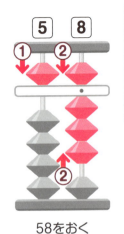
58をおく

ここから27をひくのか。十の位と一の位の数をわけて考えればいいのかな？

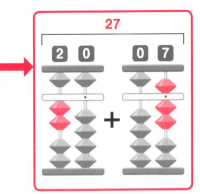

そうそう！だんだんなれてきたかな？まずは20をひくことからだね。

20をひく

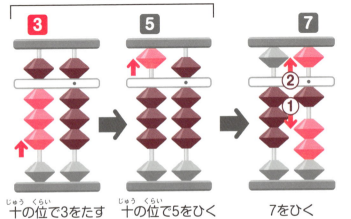

十の位で3をたす　十の位で5をひく　7をひく

できた！「大きな位から計算する」ルールはもうおぼえたよ！

こたえ **31**

52　51ページのこたえ　❶13　❷24　❸31　❹30　❺40　❻40

いっしょにやってみよう ② 76−34 を計算しよう

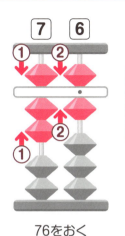

76をおく

さいしょに何をするかは、きっとわかるはず！3とともだちの数を思い出して！

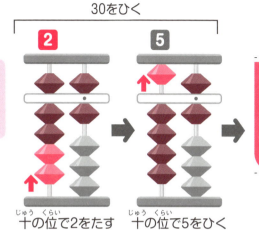

30をひく / 十の位で2をたす / 十の位で5をひく

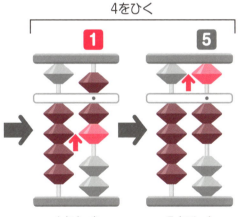

4をひく / 1をたす / 5をひく

できた！だんだんスムーズにできるようになってきたぞ。

ふふ！たまを動かすじゅんばんは、指を動かしやすいように決まっているんだよ。

こたえ 42

やってみよう　レベル2

1	2	3	4	5	6
96 −83	67 −14	51 −21	89 −47	56 −12	65 −43

こたえは54ページ

5をつくる計算 / 5からひく計算

レッスン 8〜11 かくにんテスト2

レベル2

1

	1回目	2回目	読み上げ算
勉強した日	月 日	月 日	月 日
せいかい数	/18問	/18問	/18問

1	2	3	4	5	6
12 40	54 13	36 20	74 12	23 43	34 21

7	8	9	10	11	12
58 −40	97 −53	57 −26	16 −12	65 −41	56 −23

13	14	15	16	17	18
13 74	87 −84	24 31	59 −37	44 12	65 −21

54 　53ページのこたえ　❶13　❷53　❸30　❹42　❺44　❻22

2

	1回目	2回目	読み上げ算
勉強した日	月　日	月　日	月　日
せいかい数	／12問	／12問	／12問

1	2	3	4	5	6
21	78	34	59	46	95
14	−32	51	−47	23	−61
30	−24	−62	83	−38	40

2回目

1回目

7	8	9	10	11	12
42	86	75	44	67	32
34	−42	−43	14	−34	23
−56	−13	20	−24	43	−31

2回目

1回目

こたえは69ページ

40〜41ページかくにんテスト1のこたえ

1 ❶4 ❷9 ❸9 ❹1 ❺5 ❻2 ❼9 ❽1 ❾7 ❿8 ⓫73 ⓬49
⓭94 ⓮30 ⓯21 ⓰62 ⓱34 ⓲78 ⓳20 ⓴77

2 ❶94 ❷84 ❸56 ❹71 ❺786 ❻978 ❼531 ❽6,888 ❾9,999 ❿2,152 ⓫94
⓬149 ⓭443 ⓮5,011 ⓯7,839 ⓰9,889

レッスン 12-1 10をつくる計算①

たす数が一の位に入りきらない時は、10をつくる計算をします。

いっしょにやってみよう

いっしょにやってみよう ❶ 8＋9を計算しよう

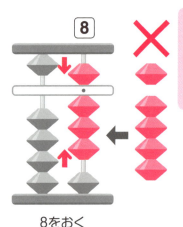

8をおく

❌ 一の位に9はたせないね。5をつくる計算では9は出てこなかったし…。

たす数の9は、**あといくつで10になるかな？**

えーと、あと1で10になるよ。

そう！1をひいて10をたせば、9をたしたことになるね。

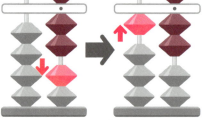

1をひく　十の位で1をたす

5をつくる計算とちょっとちがうな。ここでは10をあとでたすのか…むむ。

こたえ 17

いっしょにやってみよう ② 2＋9を計算しよう

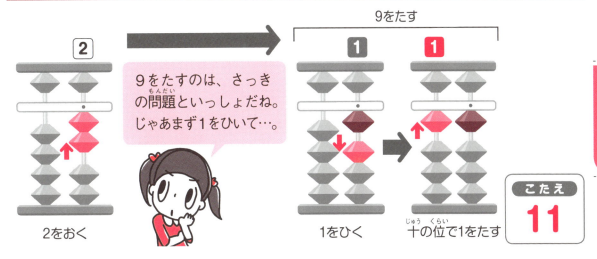

10をつくる計算の組み合わせ

9をたす ➡ 1をひいて、10をたす	5をたす ➡ 5をひいて、10をたす
8をたす ➡ 2をひいて、10をたす	4をたす ➡ 6をひいて、10をたす
7をたす ➡ 3をひいて、10をたす	3をたす ➡ 7をひいて、10をたす
6をたす ➡ 4をひいて、10をたす	2をたす ➡ 8をひいて、10をたす
	1をたす ➡ 9をひいて、10をたす

● 1〜9の数には、10をつくるともだちの数があります。
　10をつくる計算では、下のともだちの組み合わせを思い出しましょう。

10をつくる計算①

たす数の、ともだちの数を先にひきましょう。

練習しながらおぼえよう

練習① 8 + 5 = ☐

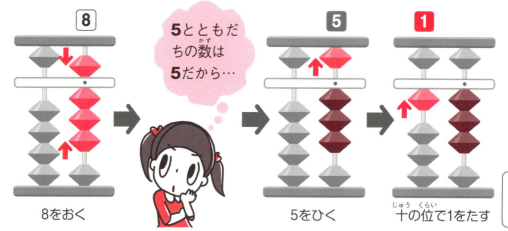

5とともだちの数は5だから…

8をおく → 5をひく → 十の位で1をたす

こたえ **13**

練習② 8 + 3 = ☐

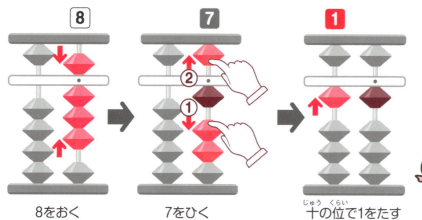

8をおく　7をひく　十の位で1をたす

計算がむずかしくなっても、きほんの指使いは気をつけていこうね。

こたえ **11**

練習③　9 + 6 = ☐

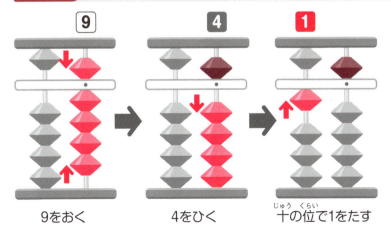

9をおく　→　4をひく　→　十の位で1をたす

ともだちの数が
すぐに出てくるように
なればいいなぁ。

こたえ 15

練習④　90 + 60 = ☐

位が大きく
なっても
あせらないで！
上の練習③と玉
の動かし方は同
じだよ。

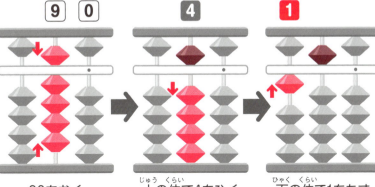

90をおく　→　十の位で4をひく　→　百の位で1をたす

こたえ 150

やってみよう　レベル2

1		2		3		4		5		6	
	4		6		9		80		70		90
	9		5		3		70		40		10

こたえは60ページ

レッスン13 10をつくる計算②

くり上がりのある、2ケタどうしのたし算です。

いっしょにやってみよう

いっしょにやってみよう ① 41＋78 を計算しよう

41をおく

まずは大きい位からみてみよう。十の位の4に7をたすにはどうすればいいかな。

7のともだちの数は3 だから、70をたすには、まず30をひいて100をたせばいいんじゃない？

おお！ふたりともすごいね！その方法でやってみよう。

ココに注意！ 位が大きくなっても、ともだちの数は同じです。

70をたす

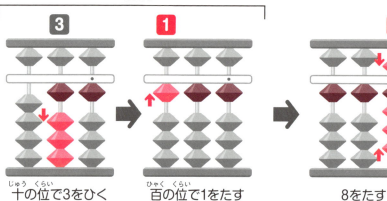

十の位で3をひく → 百の位で1をたす → 8をたす

こたえ **119**

59ページのこたえ ❶13 ❷11 ❸12 ❹150 ❺110 ❻100

いっしょにやってみよう ② 97＋35 を計算しよう

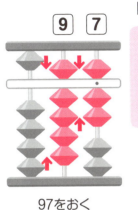

97をおく

3とともだちなのは、7だったよね。さっきの問題と同じように考えて…

30をたす

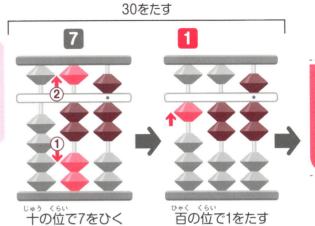

十の位で7をひく　　百の位で1をたす

5をたす

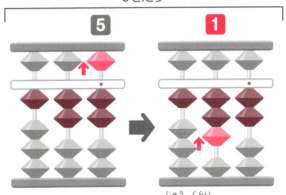

5をひく　　十の位で1をたす

10をつくるともだちの数どうしはたしたら10になるんだね。だんだんおぼえてきたぞ。

こたえ **132**

やってみよう　レベル2

1		2		3		4		5		6	
	31		92		64		17		89		23
	88		45		19		63		52		97

こたえは62ページ

レッスン 14-1 10からひく計算①

一の位だけでひけない時は、10からひく計算をします。

いっしょにやってみよう

いっしょにやってみよう ① 12－9を計算しよう

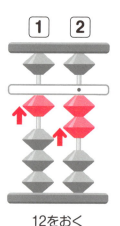
12をおく

これは、5からひく計算でもできないね。どうやって9をひこう？

ここでは、**10からひく計算**をやってみよう。10から9をひくと、何になるかな？

10から9をひくと1になるよ。 この1をどうすればいいの？

9をひく

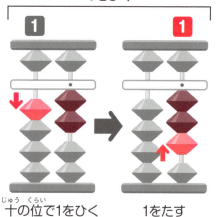
十の位で1をひく　　1をたす

9をひくときは、10をひいて1をたすのか。さっきの10をつくるともだちの数がまた出てくるね！

そうだね。まず10をひいてから、10をつくるともだちの数をたしていこう。

こたえ **3**

61ページのこたえ　❶119　❷137　❸83　❹80　❺141　❻120

16－9を計算しよう

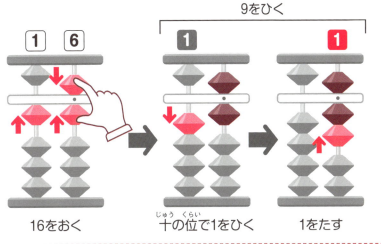

10をひいてから、10をつくるともだちの数の1をたすと、こたえは7だね！

こたえ
7

10からひく組み合わせは下の通りだよ。
ここでも10をつくるともだちの数をつかうよ。

10からひく計算の組み合わせ

9をひく	➡	10をひいて、1をたす
8をひく	➡	10をひいて、2をたす
7をひく	➡	10をひいて、3をたす
6をひく	➡	10をひいて、4をたす

5をひく	➡	10をひいて、5をたす
4をひく	➡	10をひいて、6をたす
3をひく	➡	10をひいて、7をたす
2をひく	➡	10をひいて、8をたす
1をひく	➡	10をひいて、9をたす

レッスン 14-2　10からひく計算①

10からひいたのこりは何になるか考えます。

練習しながらおぼえよう

練習❶　12 − 5 = ☐

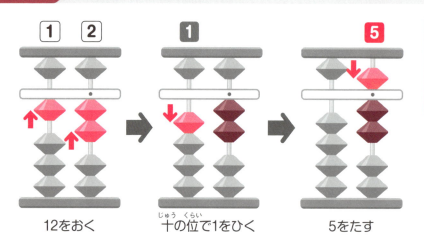

12をおく　→　十の位で1をひく　→　5をたす

やり方がまだおぼえられないなあ。もう一度やっておこう。

こたえ **7**

練習❷　12 − 3 = ☐

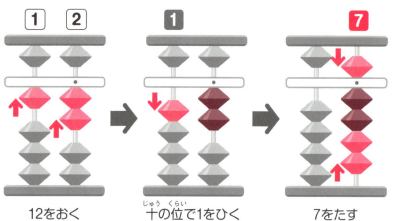

12をおく　→　十の位で1をひく　→　7をたす

10をつくるともだちの数がすぐに出てくるようになるとかんたんだね！

こたえ **9**

練習❸ 15 − 6 =

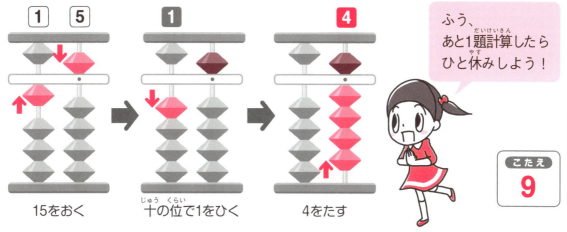

練習❹ 150 − 60 =

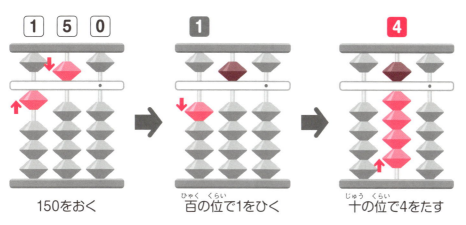

やってみよう　レベル2

1	2	3	4	5	6
13 −9	14 −5	11 −3	160 −70	120 −40	100 −10

こたえは66ページ

レッスン15 10からひく計算②

いっしょにやってみよう

10をつくるともだちの数を思い出しながら計算しましょう。

いっしょにやってみよう ① 119−78 を計算しよう

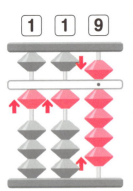

119をおく

ここから78をひくにはどうすればいいかな？2人でいったん考えてみて！

まずは、70と8にわけて考えてみよう。**7のともだちの数は3**だよね。

じゃあ、**100をひいて30をたす**んじゃないかな。8は10からひく計算をしなくてもたまを動かせるね！

70をひく

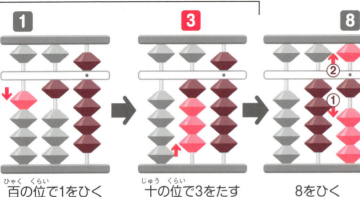

1 百の位で1をひく → 3 十の位で3をたす → 8 8をひく

やった！せいかいだ！

こたえ **41**

65ページのこたえ ❶4 ❷9 ❸8 ❹90 ❺80 ❻90

124－35 を計算しよう

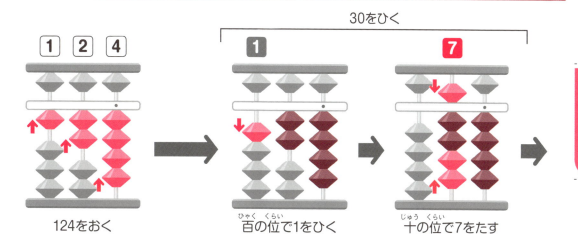

124をおく / 百の位で1をひく / 十の位で7をたす

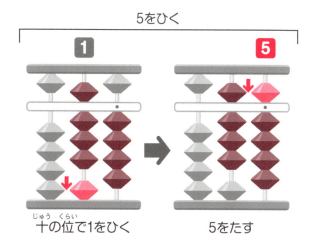

十の位で1をひく / 5をたす

それぞれの位で、10から
ひく計算をすればいいね。
計算する位をまちがえないように、
注意してね！

こたえ **89**

やってみよう　レベル2

1	2	3	4	5	6
119 －88	137 －45	183 －19	180 －63	141 －52	120 －97

こたえは68ページ

10をつくる計算 / 10からひく計算

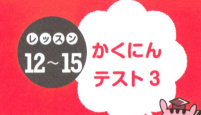

レッスン 12〜15 かくにんテスト3

レベル2

1

1 40 +70	**2** 63 +28	**3** 91 +65	**4** 27 +14	**5** 80 +32	**6** 59 +31
7 150 −70	**8** 91 −38	**9** 107 −62	**10** 61 −54	**11** 128 −35	**12** 40 −21
13 47 +93	**14** 106 −17	**15** 69 +52	**16** 110 −25	**17** 98 +47	**18** 152 −89

67ページのこたえ ❶31 ❷92 ❸164 ❹117 ❺89 ❻23

2

	〈1回目〉	〈2回目〉	〈読み上げ算〉
勉強した日	月　日	月　日	月　日
せいかい数	／12問	／12問	／12問

	1	2	3	4	5	6
	56	138	27	109	42	183
	39	−47	80	−23	65	−91
	12	−63	−95	41	−37	76
2回目						
1回目						

	7	8	9	10	11	12
	89	112	43	91	68	157
	53	−74	87	75	58	−62
	−41	60	−56	43	−19	93
2回目						
1回目						

こたえは79ページ

54〜55ページ かくにんテスト2のこたえ

1 ❶52　❷67　❸56　❹86　❺66　❻55　❼18　❽44　❾31　❿4
　　⓫24　⓬33　⓭87　⓮3　⓯55　⓰22　⓱56　⓲44

2 ❶65　❷22　❸23　❹95　❺31　❻74　❼20　❽31　❾52　❿34
　　⓫76　⓬24

レッスン 16-1 　6＋7のような計算

10をつくる計算と5からひく計算の組み合わせです。

いっしょにやってみよう ① 　6＋7を計算しよう

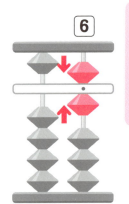

6をおく

7をたす時は、3をひいて10をたす…。あれ、一だまがたりないよ！

そうだね。じゃあ「3をひく」を、5からひく計算で考えてみよう。

7をたす
↓
3をひいて ／ 10をたす
↓
2をたして5をひく ／ 10をたす

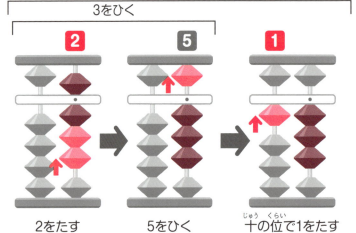

2をたす → 5をひく → 十の位で1をたす

7をたす／3をひく

5からひく計算で3をひいたあとで10をたすのか。ひゃ～、ややこしいなぁ！

こたえ **13**

いっしょにやってみよう ② 5+7を計算しよう

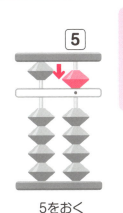
5をおく

さっきの問題と同じようにやればいいんだね。まずは5からひく計算で3をひけばいいから…。

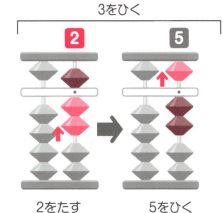
2をたす　5をひく

3をひいたから、ここに10をたせばこたえが出るよ！

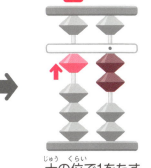
十の位で1をたす

よくできました！この計算は、下の図のようにも考えられるよ。

こたえ 12

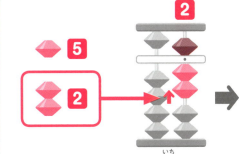
7を、2と5にわけて考える　　2を一だまでたす

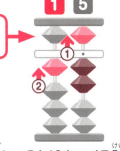
次に、5を10をつくる計算でたす。5をひいて10をたす

一だまの部分はそのままたせばいいんだね！わたしはこのほうが考えやすいな。

6+7のような計算

たし算の問題ですが、5からひく計算を使って考えます。

練習しながらおぼえよう

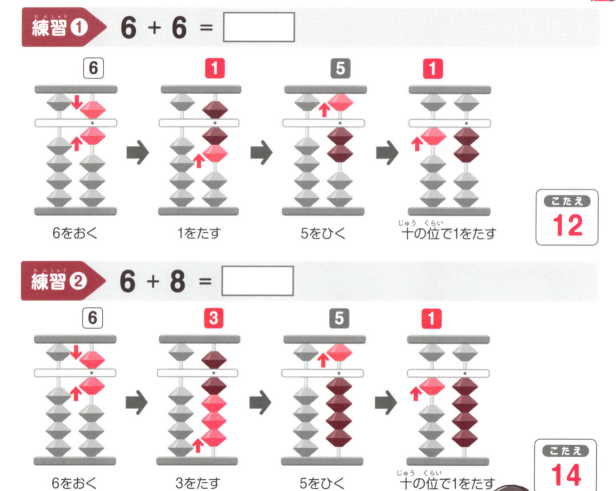

練習① 6 + 6 = ☐

6をおく → 1をたす → 5をひく → 十の位で1をたす

こたえ **12**

練習② 6 + 8 = ☐

6をおく → 3をたす → 5をひく → 十の位で1をたす

こたえ **14**

8を、3と5にわけて考えて計算しても、指の動かし方はいっしょなんだね。

練習 ❸ 5 + 9 = ☐

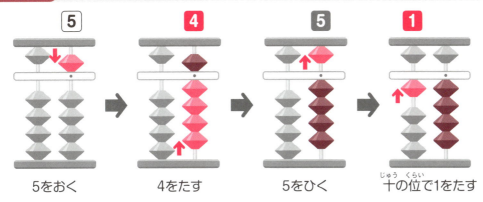

| 5をおく | 4をたす | 5をひく | 十の位で1をたす | こたえ 14 |

練習 ❹ 50 + 90 = ☐

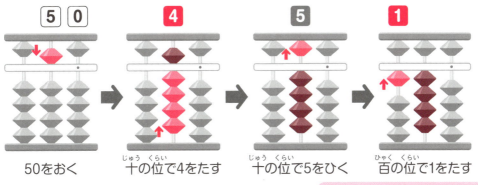

| 50をおく | 十の位で4をたす | 十の位で5をひく | 百の位で1をたす | こたえ 140 |

どんどん計算をつづけていけば、指がやり方をおぼえてくるよ！いっしょにがんばろうね。

やってみよう　レベル3

1	2	3	4	5	6
5	7	5	70	50	60
6	7	8	60	70	80

こたえは74ページ

レッスン 17-1 14−6のような計算

いっしょにやってみよう

10からひく計算と5をつくる計算の組み合わせです。

いっしょにやってみよう ① 14−6 を計算しよう

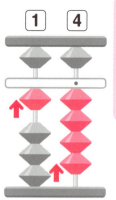
14をおく

いつもなら、10をひいて4をたすけど、一だまで4はたせないなぁ。どう計算するんだろう？

そうだね。「4をたす」を、5をつくる計算で考えたらどうだろう？

6をひく

↓

10をひいて　4をたす

↓

10をひいて　5をたして1をひく

4をたす

十の位で1をひく

→

5をたす

→

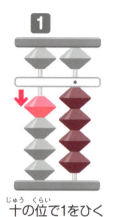
1をひく

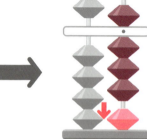
こたえ **8**

74　73ページのこたえ　❶11　❷14　❸13　❹130　❺120　❻140

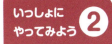

12 − 6 を計算しよう

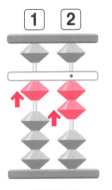

12をおく

さっきの問題とひく数は同じだよね。まず10をひこう。

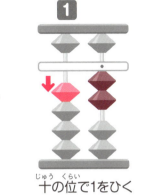

十の位で1をひく

あとは、5をつくる計算で4をたせばいいね！上から下へ指を動かして計算しよう。

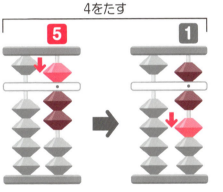

5をたす　　1をひく

こたえ **6**

6を5と1にわけて考えてもやり方はいっしょだよ。

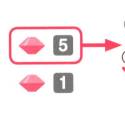

6を、5と1にわけて考える

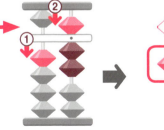

5は、10からひく計算をする

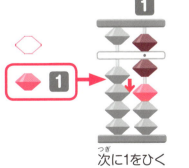

次に1をひく

レッスン 17-2　14－6のような計算

練習しながらおぼえよう

ひき算の問題ですが、5をつくる計算を使って考えます。

練習❶　14 － 8 = ☐

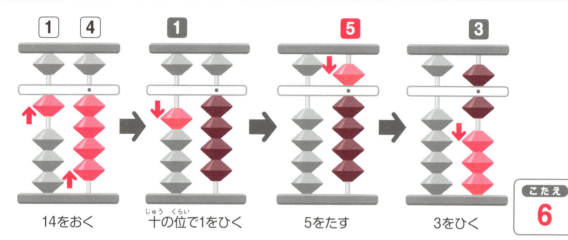

14をおく　→　十の位で1をひく　→　5をたす　→　3をひく

こたえ **6**

練習❷　14 － 9 = ☐

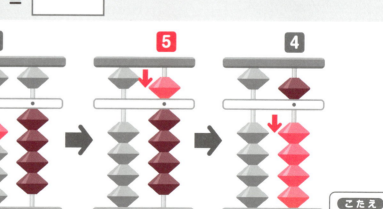

14をおく　→　十の位で1をひく　→　5をたす　→　4をひく

こたえ **5**

練習❸ 13 − 7 = ☐

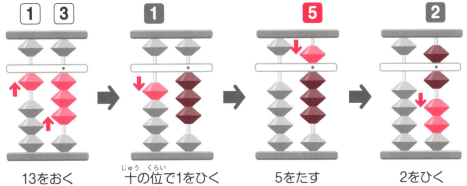

こたえ 6

練習❹ 130 − 70 = ☐

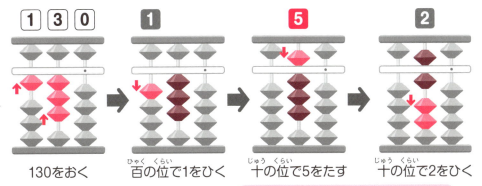

こたえ 60

おつかれさま！
次のページからは、たし算と
ひき算のおさらいをしていこう。

やってみよう　レベル3

❶	❷	❸	❹	❺	❻
14 −7	13 −8	12 −6	140 −90	130 −60	120 −70

こたえは78ページ

6+7のような計算 / 14-6のような計算

レッスン 16〜17　かくにんテスト4

レベル3

1

	1回目	2回目	読み上げ算
勉強した日	月　日	月　日	月　日
せいかい数	/18問	/18問	/18問

1	2	3	4	5	6
59 60	76 16	54 70	26 57	69 80	15 29

7	8	9	10	11	12
118 −60	92 −16	125 −70	63 −57	44 −18	145 −95

13	14	15	16	17	18
57 87	143 −68	58 76	134 −69	52 97	146 −75

77ページのこたえ　❶7　❷5　❸6　❹50　❺70　❻50

2

	⟨ 1回目 ⟩	⟨ 2回目 ⟩	⟨ 読み上げ算 ⟩
勉強した日	月　日	月　日	月　日
せいかい数	／12問	／12問	／12問

1	2	3	4	5	6
15	149	36	127	52	18
26	－73	57	－65	91	76
53	－65	－28	80	－63	－59

2回目

1回目

7	8	9	10	11	12
98	142	75	134	81	129
－43	－87	68	－69	－76	－62
67	31	－90	82	59	17

2回目

1回目

こたえは83ページ

68～69ページかくにんテスト3のこたえ

1 ①110　②91　③156　④41　⑤112　⑥90　⑦80　⑧53　⑨45　⑩7　⑪93　⑫19　⑬140　⑭89　⑮121　⑯85　⑰145　⑱63

2 ①107　②28　③12　④127　⑤70　⑥168　⑦101　⑧98　⑨74　⑩209　⑪107　⑫188

たし算とひき算

2章 まとめて おさらい

たし算とひき算のおさらいです。全問せいかいを目指しましょう！

1 もくひょう 15問せいかい

勉強した日	〈 1回目 〉 月 日	〈 2回目 〉 月 日	〈 読み上げ算 〉 月 日
せいかい数	／18問	／18問	／18問

① 28
　 41

② 13
　 62

③ 32
　 35

④ 69
　−37

⑤ 75
　−21

⑥ 83
　−42

⑦ 71
　 86

⑧ 95
　 24

⑨ 14
　 76

⑩ 29
　 53

⑪ 36
　 15

⑫ 28
　 74

⑬ 117
　− 95

⑭ 129
　− 34

⑮ 62
　−58

⑯ 181
　− 72

⑰ 90
　−46

⑱ 135
　− 37

2

もくひょう 15問 せいかい	勉強した日	〈 1回目 〉 月　日 ／18問	〈 2回目 〉 月　日 ／18問	〈 読み上げ算 〉 月　日 ／18問
	せいかい数			

1	2	3	4	5	6
74 65	53 91	26 57	65 28	36 16	15 87

2回目

1回目

7	8	9	10	11	12
148 −92	137 −65	43 −27	149 −83	64 −17	192 −96

2回目

1回目

13	14	15	16	17	18
46 20 −54	53 14 −27	21 95 −36	82 76 −91	65 83 −72	79 70 −68

2回目

1回目

こたえは84ページ

4

もくひょう 10問せいかい

	〈1回目〉	〈2回目〉	〈読み上げ算〉
勉強した日	月　日	月　日	月　日
せいかい数	／12問	／12問	／12問

	1	2	3	4	5	6
	1,345	9,876	2,493	7,184	3,650	6,429
	7,620	−2,153	5,706	−6,532	1,297	−5,618
2回目						
1回目						

	7	8	9	10	11	12
	4,790	8,295	631	54	3,207	783
	156	−13	48	6,280	46	1,290
	23	−164	7,209	−173	−159	−54
2回目						
1回目						

★こたえの千の位と百の位の間にはコンマ(,)を書きましょう。

こたえは99ページ

78〜79ページ かくにんテスト4のこたえ

1 ❶119 ❷92 ❸124 ❹83 ❺149 ❻44 ❼58 ❽76 ❾55 ❿6 ⓫26 ⓬50 ⓭144 ⓮75 ⓯134 ⓰65 ⓱149 ⓲71

2 ❶94 ❷11 ❸65 ❹142 ❺80 ❻35 ❼122 ❽86 ❾53 ❿147 ⓫64 ⓬84

コラム 2 さまざまなそろばん

　そろばんは約5000年前にメソポタミア地方で生まれてから、今までさまざまな時代や国でつくられてきました。その中でも、今のそろばんとはちがう、かわった形のそろばんを見てみましょう。

中国そろばん
日本のそろばんの元になったもので、中国でつくられました。五だまは2つ、一だまは5つついており、たまの形はだんごのように丸くなっています。

堺そろばん
江戸時代に大阪の堺でつくられたそろばんです。明治時代まで、日本でも五だまが2つ、一だまが5つのそろばんを使っていました。

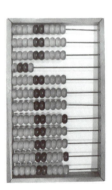

ロシアそろばん
ロシアで使われていたそろばんです。はりをたてにしておき、たまをよこに動かして使います。

八掛そろばん
計算のためではなく、うらないをする時に使われていたといわれています。

そろばんつき文箱
そろばんの下の段には、筆・すみ・すずりが入っています。学習のきほんである「読み・書き・そろばん」の道具を集めたものです。

取材協力　日本そろばん資料館

80〜81ページのこたえ

1 ❶69 ❷75 ❸67 ❹32 ❺54 ❻41 ❼157 ❽119 ❾90 ❿82 ⓫51 ⓬102 ⓭22 ⓮95 ⓯4 ⓰109 ⓱44 ⓲98

2 ❶139 ❷144 ❸83 ❹93 ❺52 ❻102 ❼56 ❽72 ❾16 ❿66 ⓫47 ⓬96 ⓭12 ⓮40 ⓯80 ⓰67 ⓱76 ⓲81

3章 かけ算

そろばんでのかけ算をマスターするには、九九が大切です。
小数のかけ算や、ケタの多いかけ算もできます。

レッスン18 かけ算のルール

かけられる数とかける数をおいてから計算します。

例題　2×8を計算しよう　　こたえが2ケタになる場合

1 かけられる数2とかける数8をおきます。

かけられる数をそろばんのまん中の定位点、かける数を少し左の定位点におこう。

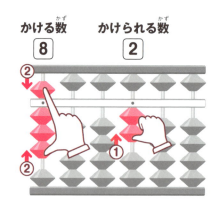

かける数　　かけられる数
　8　　　　　2

かける数とかけられる数が、式と反対になるんだね。

2 こたえが2ケタの場合は、かけられる数のすぐ右におきます。

2×8=16をかけられる数2のすぐ右におこう。

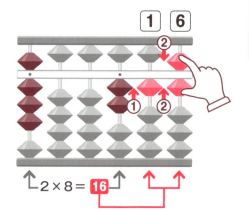

1　6

2×8= 16

頭の中で九九をとなえてたまをおくのね。

3 計算が終わったら、かけられる数をひきます。

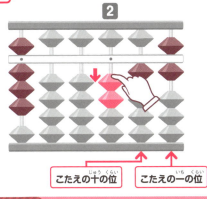

かけられる数2がのこったままだと、こたえが216にみえてしまうからね。

こたえ
16

例題 2×3を計算しよう　こたえが1ケタになる場合

1 かけられる数2とかける数3をおきます。

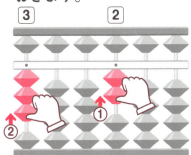

2 こたえが1ケタの場合は、かけられる数の2つ右におきます。

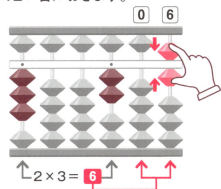

↑2×3= **6** ↑

3 計算が終わったら、かけられる数をひきます。

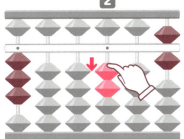

こたえ
6

こたえの6を、2のとなりにおいてはだめなの？

こたえが2ケタの九九を使うときと、**一の位の場所を合わせている**んだよ。

レッスン 19-1 1ケタをかけるかけ算①

かけられる数の一の位から計算します。

いっしょにやってみよう

① 76×9を計算しよう

かけられる数とかける数をおくところからスタートだね。

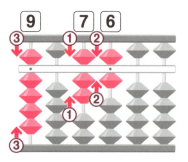

まん中の定位点を一の位にして76をおき、少し左の定位点に9をおく

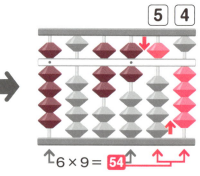

6×9= **54**

かけられる数76の一の位から計算する。6×9のこたえ54をおく

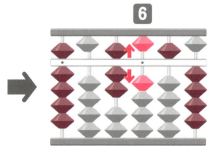

かけられる数6をひく

ココに注意! かけられる数の一の位の6がのこっていると、次の計算に進めません。

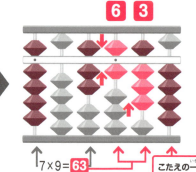

7×9= **63**　こたえの一の位

かけられる数76の十の位を計算する。7×9のこたえ63を7のすぐ右にたす

九九は頭でとなえて、こたえをそろばんにたしていこう。

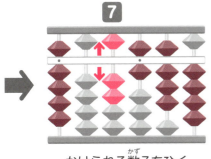
かけられる数7をひく

76×9は**6×9＝54**と**70×9＝630**をたしているんだね。

こたえ
684

いっしょにやってみよう2　84×5を計算しよう

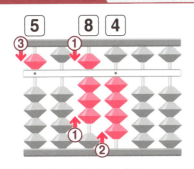

まん中の定位点を一の位にして84をおき、少し左の定位点に5をおく

↑4×5＝**20**

かけられる数84の一の位から計算する。
4×5のこたえ20をおき、4をひく

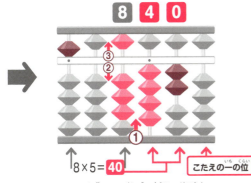

↑8×5＝**40**　　こたえの一の位

かけられる数84の十の位の計算をする。
8×5のこたえ40をたして、8をひく

ココに注意! こたえの一の位が0のときは見落としやすいので注意しましょう。

こたえ
420

いっしょにやってみよう ③ 39×2を計算しよう

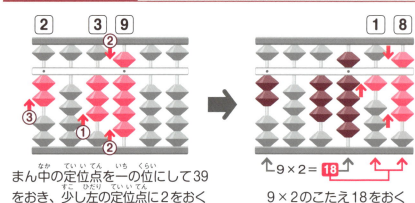
まん中の定位点を一の位にして39をおき、少し左の定位点に2をおく

9×2のこたえ18をおく

9のすぐ右に、こたえの18をおこう。

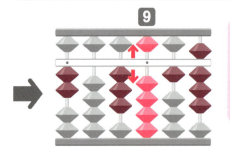
かけられる数9をひく

次は3×2、あれ？こたえの6はどこにたせばいいんだっけ…？

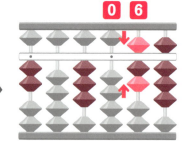

3×2のこたえ6をかけられる数3の2つ右にたす

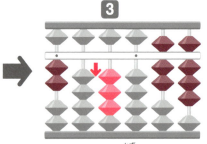
かけられる数3をひく

かけ算の九九のこたえが1ケタの場合は、**十の位に0が入っているつもり**で考えてもいいね。

こたえ **78**

いっしょにやってみよう ④ 23×3を計算しよう

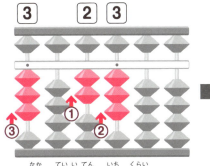

まん中の定位点を一の位にして23をおき、少し左の定位点に3をおく

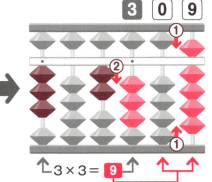

3×3のこたえ9をかけられる数3の2つ右におき、3をひく

こたえが1ケタになる九九だから、おく場所に気をつけなきゃ。

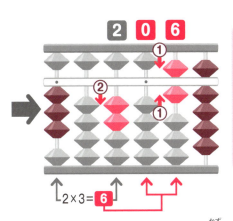

2×3のこたえ6をかけられる数2の2つ右にたし、2をひく

こたえ

69

こたえが1ケタになる九九がつづいたね。ちゃんと図のようになったかな？

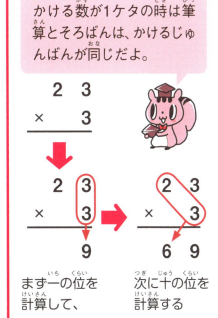

かける数が1ケタの時は筆算とそろばんは、かけるじゅんばんが同じだよ。

まず一の位を計算して、
次に十の位を計算する

レッスン 19-2 １ケタをかけるかけ算①

練習しながらおぼえよう

かけ算九九のこたえをたす位置に注意しましょう。

練習❶　72 × 4 = ☐

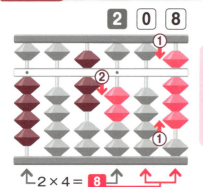
2×4 = 8

72と4をおき、2×4のこたえ8を2の2つ右におく。2をひく

8をおいたら2をひいて、それから十の位を計算しよう。

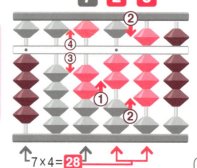
7×4 = 28

7×4のこたえ28を7のすぐ右にたし、7をひく

こたえ 288

練習❷　61 × 5 = ☐

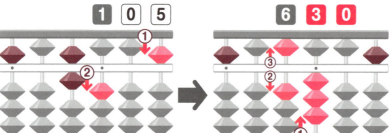

1×5 = 5

61と5をおき、1×5のこたえ5を1の2つ右におく。1をひく

6×5 = 30

6×5のこたえ30を6のすぐ右にたし、6をひく

30の3は百の位にたすよ。まちがえやすいから気をつけて！

こたえ 305

練習❸ 30 × 2 = ☐

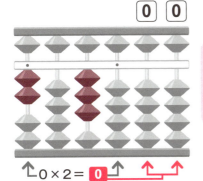

30と2をおく。0×2のこたえは0なので、たまは動かさない

このまま十の位の計算にうつればいいのね。

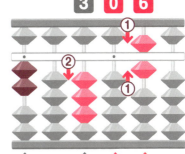

3×2のこたえ6を3の2つ右にたし、3をひく

こたえ 60

練習❹ 50 × 8 = ☐

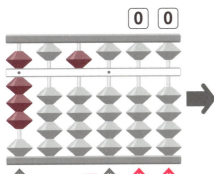

50と8をおく。0×8のこたえは0なので、たまは動かさない

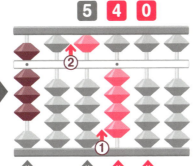

5×8のこたえ40を5のすぐ右にたし、5をひく

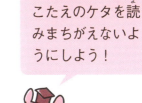

こたえの一の位も十の位も0だから、こたえのケタを読みまちがえないようにしよう！

こたえ 400

やってみよう　レベル1

❶ 84 × 7 = ☐　　❸ 43 × 2 = ☐　　❺ 76 × 5 = ☐
❷ 26 × 3 = ☐　　❹ 51 × 9 = ☐　　❻ 15 × 2 = ☐

こたえは94ページ

レッスン 20-1 1ケタをかけるかけ算②

かけられる数が3ケタでもやり方は同じです。

いっしょにやってみよう ① 876×9を計算しよう

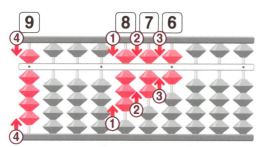

かけられる数876とかける数9をおく

かけられる数が3ケタだから見やすいように少しはなしておこう。

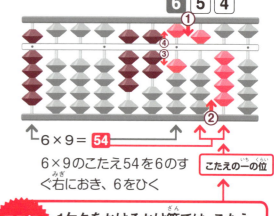

6×9のこたえ54を6のすぐ右におき、6をひく

ココに注意! 1ケタをかけるかけ算では、こたえの一の位は定位点の2つ右です。

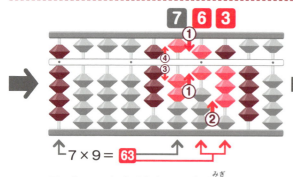

7×9のこたえ63を7のすぐ右にたし、7をひく

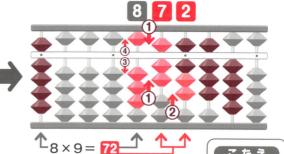

8×9のこたえ72を8のすぐ右にたし、8をひく

こたえ 7,884

93ページのこたえ ❶588 ❷78 ❸86 ❹459 ❺380 ❻30

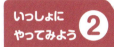

439×2を計算しよう

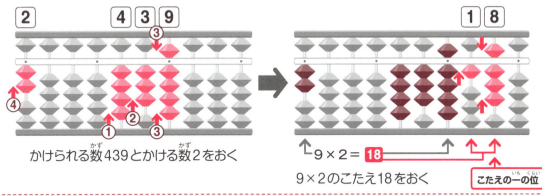

かけられる数439とかける数2をおく

9×2のこたえ18をおく　こたえの一の位

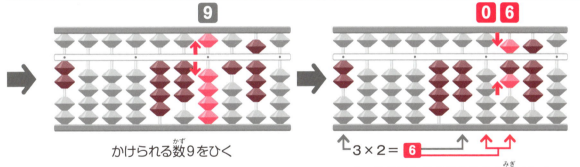

かけられる数9をひく

3×2のこたえ6を3の2つ右にたす

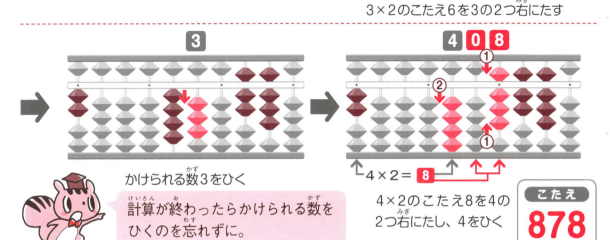

かけられる数3をひく

計算が終わったらかけられる数をひくのを忘れずに。

4×2のこたえ8を4の2つ右にたし、4をひく

こたえ **878**

レッスン 20-2 1ケタをかけるかけ算②

練習しながらおぼえよう

かけられる数のケタがふえても、こたえの一の位の位置は同じです。

練習❶ 742 × 4 = ☐

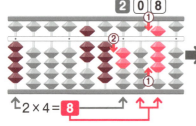 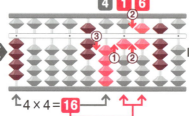 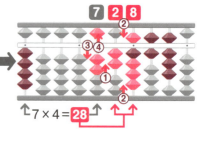

742と4をおく。2×4のこたえ8を2の2つ右におき、2をひく

4×4のこたえ16を4のすぐ右にたし、4をひく

7×4のこたえ28を7のすぐ右にたし、7をひく

こたえ 2,968

練習❷ 308 × 3 = ☐

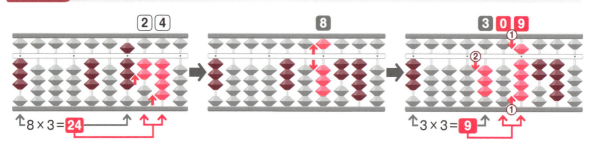

308と3をおく。8×3のこたえ24を8のすぐ右におく

8をひく
次の0×3は0だからたまは動かさないんだね。

3×3のこたえ9を3の2つ右にたし、3をひく

こたえ 924

練習❸ 610 × 5 = ☐

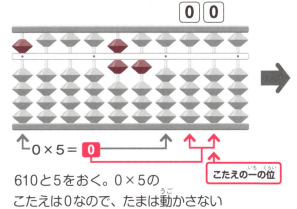

610と5をおく。0×5の
こたえは0なので、たまは動かさない

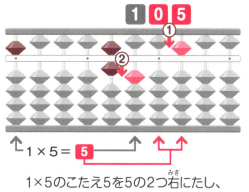

1×5のこたえ5を5の2つ右にたし、
1をひく

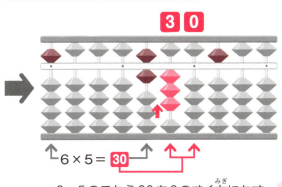

6×5のこたえ30を6のすぐ右にたす

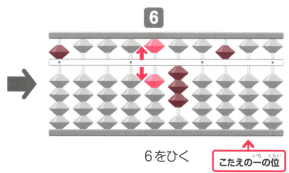

6をひく

さいしょの0×5の
こたえは0だったね。
0の位置をおぼえて
いたかな？

こたえ **3,050**

やってみよう　レベル1

❶ 856 × 7 = ☐　　❸ 493 × 3 = ☐　　❺ 501 × 8 = ☐
❷ 217 × 2 = ☐　　❹ 924 × 4 = ☐　　❻ 350 × 2 = ☐

★こたえの千の位と百の位の間にはコンマ (,) を書きましょう。

こたえは98ページ

97

1ケタをかけるかけ算① / 1ケタをかけるかけ算②

レッスン 19〜20 かくにんテスト5

〈1回目〉 月 日　〈2回目〉 月 日　〈読み上げ乗算〉 月 日

レベル1

勉強した日　せいかい数　／24問　／24問　／24問

1

① 82 × 9 =
② 35 × 7 =
③ 74 × 6 =
④ 28 × 5 =
⑤ 49 × 2 =
⑥ 16 × 3 =
⑦ 21 × 4 =
⑧ 34 × 2 =
⑨ 62 × 3 =
⑩ 51 × 4 =
⑪ 30 × 3 =
⑫ 80 × 5 =
⑬ 46 × 6 =
⑭ 23 × 9 =
⑮ 79 × 8 =
⑯ 65 × 4 =
⑰ 28 × 2 =
⑱ 37 × 3 =
⑲ 19 × 7 =
⑳ 25 × 2 =
㉑ 13 × 4 =
㉒ 58 × 9 =
㉓ 89 × 6 =
㉔ 75 × 8 =

97ページのこたえ　❶5,992　❷434　❸1,479　❹3,696　❺4,008　❻700

2

	2回目	1回目		2回目	1回目
① 237 × 8 =			⑬ 854 × 9 =		
② 569 × 7 =			⑭ 672 × 6 =		
③ 328 × 3 =			⑮ 793 × 8 =		
④ 146 × 2 =			⑯ 217 × 4 =		
⑤ 872 × 4 =			⑰ 139 × 3 =		
⑥ 491 × 6 =			⑱ 916 × 9 =		
⑦ 132 × 3 =			⑲ 128 × 4 =		
⑧ 241 × 4 =			⑳ 754 × 2 =		
⑨ 306 × 2 =			㉑ 861 × 7 =		
⑩ 103 × 3 =			㉒ 691 × 6 =		
⑪ 520 × 4 =			㉓ 175 × 4 =		
⑫ 760 × 5 =			㉔ 625 × 8 =		

★こたえの千の位と百の位の間にはコンマ(,)を書きましょう。

こたえは113ページ

82〜83ページのこたえ

3 ①989 ②122 ③799 ④321 ⑤839 ⑥331 ⑦1,399 ⑧107 ⑨529 ⑩421 ⑪744 ⑫550 ⑬48 ⑭227 ⑮900 ⑯94 ⑰0 ⑱678

4 ①8,965 ②7,723 ③8,199 ④652 ⑤4,947 ⑥811 ⑦4,969 ⑧8,118 ⑨7,888 ⑩6,161 ⑪3,094 ⑫2,019

レッスン 21-1 2ケタをかけるかけ算①

かける数の十の位から計算します。

いっしょにやってみよう

例題 9×86を計算しよう

1 かけられる数9とかける数86をおきます。

かけられる数とかける数のおき方は今までといっしょだね。

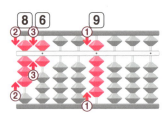

かける数のほうは、十の位から計算を始めるよ。

2 9×8のこたえを、かけられる数のすぐ右におきます。

9×8＝72をおく位置は今までと同じでいいのかな？

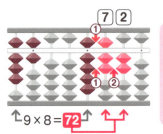

そうだね！でもまだ9はひかないで。つづきがあるからね。

3 9×6のこたえを、かけられる数の2つ右にたします。かけられる数をひきます。

9×6＝54は、9×8＝72より1つ右へずらしてたすんだよ。

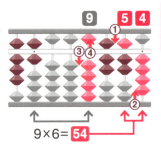

さっきと同じ場所にたさないように気をつけなきゃ。

こたえ 774

いっしょにやってみよう ① 5×19を計算しよう

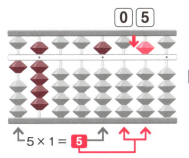

5×1= 5

5と19をおき、5×1のこたえ5をかけられる数5の2つ右におく

5×9= 45

5×9のこたえ45を<u>05</u>より1つ右へずらしてたし、5をひく

こたえ 95

こたえが1ケタだから<u>05</u>をおく、と考えればわかりやすいよね。

その通り。そうすればこたえをおく位置をまちがえにくいね。

いっしょにやってみよう ② 2×34を計算しよう

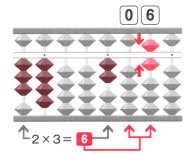

2×3= 6

2と34をおき、2×3のこたえ6をかけられる数2の2つ右におく

十の位の計算も九九のこたえが1ケタだね。どこにこたえをたせばいいかな？

2×4= 8

2×4のこたえ8を<u>06</u>より1つ右へずらしてたし、2をひく

こたえ 68

ココに注意! 九九のこたえが1ケタのときは、おく位置に注意しましょう。

いっしょにやってみよう 3　37×54を計算しよう

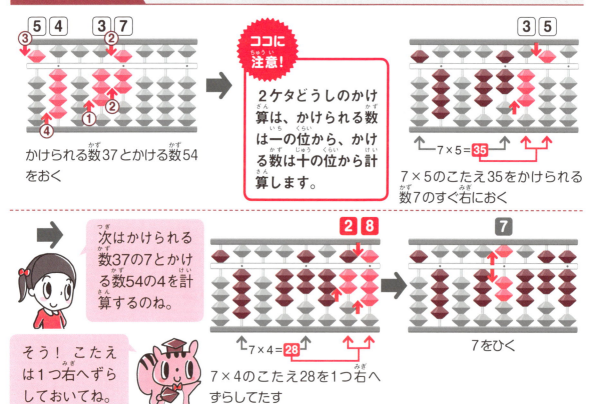

かけられる数37とかける数54をおく

ココに注意! 2ケタどうしのかけ算は、かけられる数は一の位から、かける数は十の位から計算します。

7×5のこたえ35をかけられる数7のすぐ右におく

次はかけられる数37の7とかける数54の4を計算するのね。

そう！こたえは1つ右へずらしておいてね。

7×4のこたえ28を1つ右へずらしてたす

7をひく

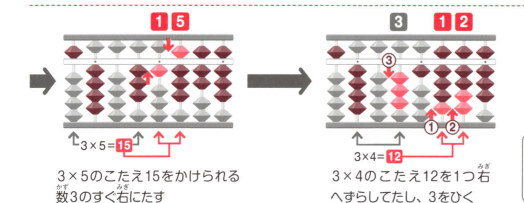

3×5のこたえ15をかけられる数3のすぐ右にたす

3×4のこたえ12を1つ右へずらしてたし、3をひく

こたえ 1,998

いっしょにやってみよう ④ 74×81を計算しよう

もう一度、どのじゅんばんでかけるかを整理してみよう！

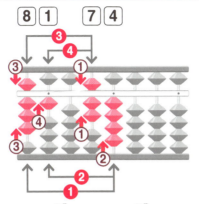

かけられる数74とかける数81をおく

おいた数の外がわから計算を進めていくんだね。

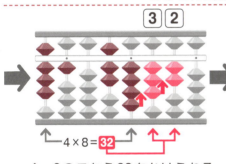

4×8のこたえ32をかけられる数4のすぐ右におく

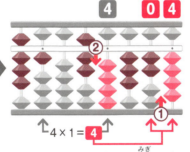

4×1のこたえ4を1つ右へずらしてたし、4をひく

こたえが1ケタの九九は 0 4 と考えてたすんだよね。

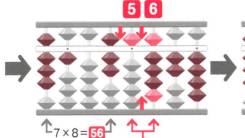

7×8のこたえ56をかけられる数7のすぐ右にたす

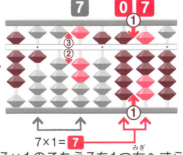

7×1のこたえ7を1つ右へずらしてたし、7をひく

こたえ 0 7 をおく位置をまちがえなかったかな？

こたえ **5,994**

レッスン 21-2 2ケタをかけるかけ算①

練習しながらおぼえよう

かけられる数は一の位から、かける数は大きい位から計算します。

練習❶ 12 × 32 = ☐

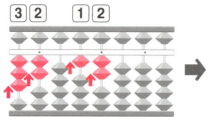

さいしょの九九のこたえが1ケタだから、たまをおく位置をまちがえないようにしよう。

12と32をおく

さいしょの計算は 2×3 からだね。

2×3のこたえ6を2の2つ右におく

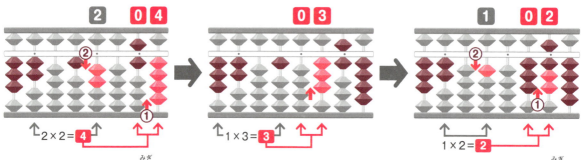

2×2のこたえ4を1つ右へずらしてたし、2をひく

1×3のこたえ3を1の2つ右にたす

1×2のこたえ2を1つ右へずらしてたし、1をひく

この計算は、1つ1つの九九が全部1ケタだから、こたえをたす位置に注意しなくちゃね。

こたえ 384

練習❷ 68 × 25 =

68と25をおく

まずは、外がわの数どうしをかけるんだよね。

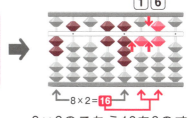
8×2のこたえ16を8のすぐ右におく

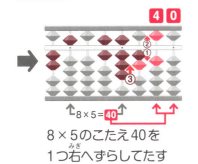
8×5のこたえ40を1つ右へずらしてたす

くり上がるから注意しよう！

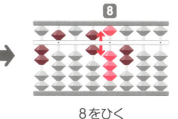
8をひく

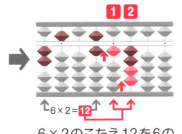
6×2のこたえ12を6のすぐ右にたす

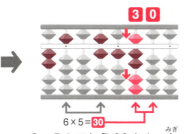
6×5のこたえ30を1つ右へずらしてたす

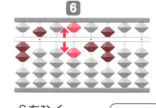
6をひく

こたえ 1,700

やってみよう　レベル2

① 52 × 67 =　　　　③ 62 × 16 =　　　　⑤ 64 × 75 =
② 38 × 71 =　　　　④ 23 × 21 =　　　　⑥ 40 × 25 =

★こたえの千の位と百の位の間にはコンマ(,)を書きましょう。

こたえは106ページ

レッスン 22-1 2ケタをかけるかけ算②

かけ算九九のこたえをたす位置に注意しましょう。

いっしょにやってみよう ① 537×54を計算しよう

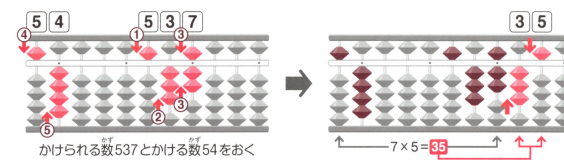

かけられる数537とかける数54をおく

7×5のこたえ35をかけられる数7のすぐ右におく

「さいしょのこたえは、かけられる数のすぐ右に」と、「次のこたえは1つ右にずらして」をおぼえていれば、計算できるよ。やってみよう！

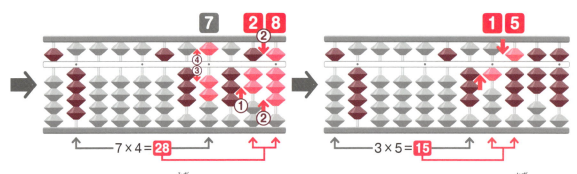

7×4のこたえ28を1つ右へずらしてたし、かけられる数7をひく

3×5のこたえ15をかけられる数3のすぐ右にたす

105ページのこたえ ❶3,484 ❷2,698 ❸992 ❹483 ❺4,800 ❻1,000

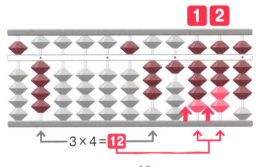

3×4のこたえ12を1つ右へずらしてたす

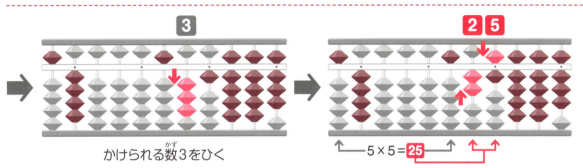

かけられる数3をひく

5×5のこたえ25をかけられる数5のすぐ右にたす

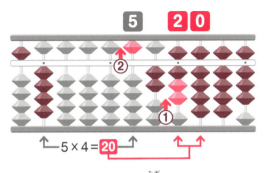

5×4のこたえ20を1つ右へずらしてたし、かけられる数5をひく

こたえ
28,998

2ケタをかけるかけ算②

1ケタずつ右にずらしてこたえをたしていきましょう。

練習① 743 × 51 =

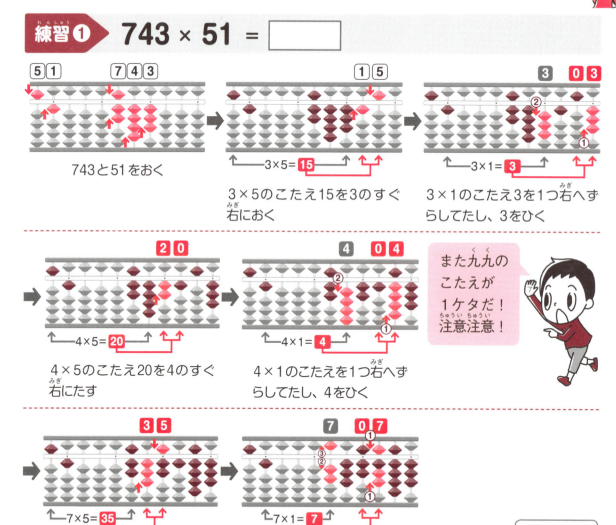

743と51をおく

3×5のこたえ15を3のすぐ右におく

3×1のこたえ3を1つ右へずらしてたし、3をひく

4×5のこたえ20を4のすぐ右にたす

4×1のこたえを1つ右へずらしてたし、4をひく

また九九のこたえが1ケタだ！注意注意！

7×5のこたえ35を7のすぐ右にたす

7×1のこたえ7を1つ右へずらしてたし、7をひく

こたえ 37,893

練習❷ 304 × 92 = ☐

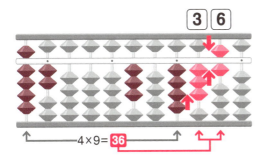

304と92をおく。4×9のこたえ36を4のすぐ右におく

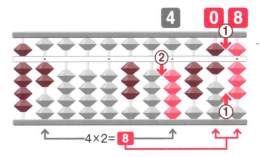

4×2のこたえ8を1つ右へずらしてたし、4をひく

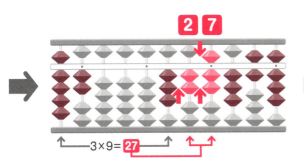

3×9のこたえ27を3のすぐ右にたす

3×2のこたえ6を1つ右へずらしてたし、3をひく

かけられる数の十の位が0だから、次は百の位3の計算だね。

こたえ 27,968

やってみよう レベル2

❶ 835 × 57 = ☐ ❸ 507 × 94 = ☐ ❺ 406 × 91 = ☐
❷ 658 × 43 = ☐ ❹ 234 × 82 = ☐ ❻ 730 × 63 = ☐

★こたえの千の位と百の位の間にはコンマ(,)を書きましょう。

こたえは110ページ

3ケタをかけるかけ算

かける数の大きい位から計算しましょう。

練習しながらおぼえよう

 56 × 623 =

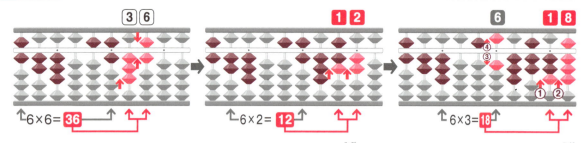

56と623をおく。6×6のこたえ36を6のすぐ右におく

6×2のこたえ12を1つ右へずらしてたす

6×3のこたえ18をもう1つ右へずらしてたし、6をひく

2ケタをかけたときと同じように、かける数の大きい位からじゅんに計算していこう！

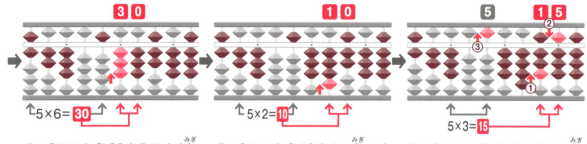

5×6のこたえ30を5のすぐ右にたす

5×2のこたえ10を1つ右へずらしてたす

5×3のこたえ15をもう1つ右へずらしてたし、5をひく

こたえ **34,888**

109ページのこたえ　❶47,595　❷28,294　❸47,658　❹19,188　❺36,946　❻45,990

練習❷ 24 × 408 =

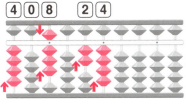
24と408をおく

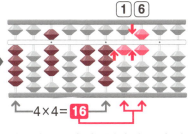
4×4のこたえ16を4のすぐ右におく

4×4=16→
4×0=0→
4×8=32
と考えていくといいね。

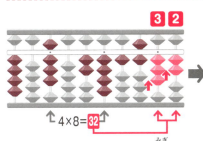
4×8のこたえ32を2つ右へずらしてたす

4をひく

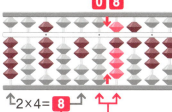
2×4のこたえ8を2の2つ右にたす

2×4=8→
2×0=0→
2×8=16
のじゅんで考えよう。

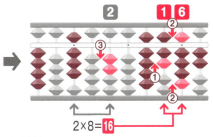
2×8のこたえ16を2つ右へずらしてたし、2をひく

こたえ
9,792

やってみよう　レベル2

❶ 83 × 478 = 　　　❸ 27 × 351 = 　　　❺ 97 × 906 =
❷ 74 × 932 = 　　　❹ 34 × 234 = 　　　❻ 12 × 304 =

★こたえの千の位と百の位の間にはコンマ(,)を書きましょう。

こたえは112ページ

2ケタをかけるかけ算①
2ケタをかけるかけ算②
3ケタをかけるかけ算

レッスン 21～23 かくにんテスト6

レベル2

1

① 68 × 72 =
② 57 × 34 =
③ 73 × 41 =
④ 34 × 62 =
⑤ 42 × 54 =
⑥ 75 × 13 =
⑦ 33 × 24 =
⑧ 62 × 15 =
⑨ 21 × 23 =
⑩ 12 × 31 =
⑪ 38 × 75 =
⑫ 25 × 36 =
⑬ 23 × 86 =
⑭ 92 × 97 =
⑮ 23 × 72 =
⑯ 42 × 91 =
⑰ 23 × 63 =
⑱ 54 × 18 =
⑲ 32 × 37 =
⑳ 45 × 14 =
㉑ 12 × 23 =
㉒ 34 × 12 =
㉓ 64 × 25 =
㉔ 75 × 64 =

111ページのこたえ ❶39,674 ❷68,968 ❸9,477 ❹7,956 ❺87,882 ❻3,648

	〈1回目〉	〈2回目〉	〈読み上げ乗算〉
勉強した日	月　日	月　日	月　日
せいかい数	／24問	／24問	／24問

2

	2回目	1回目		2回目	1回目
① 954×48＝			⑬ 45×973＝		
② 538×74＝			⑭ 57×284＝		
③ 723×96＝			⑮ 73×456＝		
④ 209×87＝			⑯ 14×762＝		
⑤ 807×35＝			⑰ 86×831＝		
⑥ 506×29＝			⑱ 21×342＝		
⑦ 473×61＝			⑲ 35×197＝		
⑧ 234×52＝			⑳ 62×608＝		
⑨ 309×73＝			㉑ 93×209＝		
⑩ 527×18＝			㉒ 54×501＝		
⑪ 403×24＝			㉓ 78×930＝		
⑫ 230×36＝			㉔ 85×410＝		

★こたえの千の位と百の位の間にはコンマ(,)を書きましょう。　　こたえは121ページ

98〜99ページかくにんテスト5のこたえ

1 ①738 ②245 ③444 ④140 ⑤98 ⑥48 ⑦84 ⑧68 ⑨186 ⑩204 ⑪90 ⑫400
⑬276 ⑭207 ⑮632 ⑯260 ⑰56 ⑱111 ⑲133 ⑳50 ㉑52 ㉒522 ㉓534 ㉔600

2 ①1,896 ②3,983 ③984 ④292 ⑤3,488 ⑥2,946 ⑦396 ⑧964 ⑨612 ⑩309 ⑪2,080 ⑫3,800
⑬7,686 ⑭4,032 ⑮6,344 ⑯868 ⑰417 ⑱8,244 ⑲512 ⑳1,508 ㉑6,027 ㉒4,146 ㉓700 ㉔5,000

レッスン24 小数のかけ算のルール

こたえの一の位を人さし指でおさえて計算しましょう。

例題　2.953をそろばんにおいてみよう

まずは小数のおき方だよ。そろばんでは、定位点のケタが一の位になるんだ。

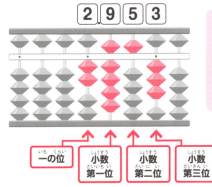

小数第三位も定位点のところになるんだね。

例題　次の小数を読んでみよう

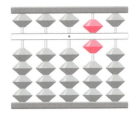
定位点が0だから…

こたえ **0.6**

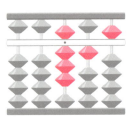
小数第二位まで数がおいてあるよ。

こたえ **8.15**

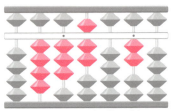
※左の定位点が一の位の時
小数第二位は0だね。第三位の2を見落とさないでね。

こたえ **43.702**

例題　小数のかけ算の一の位をおぼえよう

① 52×67＝3484
② 52×6.7＝348.4
③ 52×0.67＝34.84
④ 52×0.067＝3.484

そろばんで①～④のこたえを表すと…

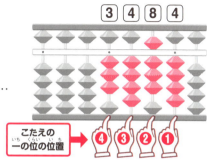

こたえの一の位の位置

①～④の計算では、こたえのたまの位置はいっしょだけど、どれも一の位の場所がちがうね。そろばんでは一の位をどうやってきめるの？

そう！小数のかけ算は、かける数によってこたえの一の位が下のようにかわるんだよ。

①	かける数の整数部分が2ケタ	例）67	かけられる数の一の位から3つ右がこたえの一の位
②	かける数の整数部分が1ケタ	例）6.7	かけられる数の一の位から2つ右がこたえの一の位
③	かける数が小数第一位から始まる	例）0.67	かけられる数の一の位から1つ右がこたえの一の位
④	かける数が小数第二位から始まる	例）0.067	かけられる数の一の位がこたえの一の位

一の位を左手の人さし指でおさえて、そのまま計算するんだよ。

例）③ 52×0.67

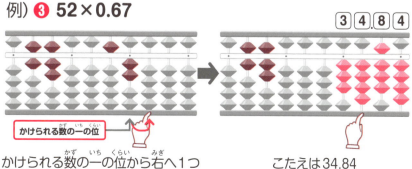

かけられる数の一の位

かけられる数の一の位から右へ1つ進んだところが、こたえの一の位

こたえは34.84

レッスン 25-1 小数のかけ算

計算のやり方は今までのかけ算と同じです。

いっしょにやってみよう

いっしょにやってみよう ① 6.8×7.2を計算しよう

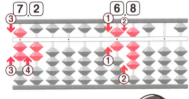

6.8と7.2をおく

かける数の7.2は整数部分が1ケタだから、こたえの一の位はかけられる数の一の位から2つ右ね。

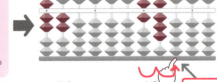

左手の人さし指をかけられる数の一の位から2つ右に進める

こたえの一の位

こたえの一の位を決めたら、2ケタどうしのかけ算と同じように計算すればいいんだね。

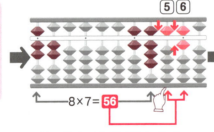

8×7のこたえ56をおく

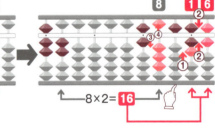

8×2のこたえ16をたし、8をひく

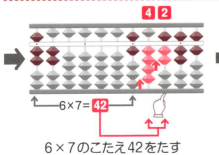

6×7のこたえ42をたす

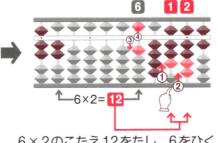

6×2のこたえ12をたし、6をひく

こたえ
48.96

いっしょにやってみよう❷ 6.8×0.72を計算しよう

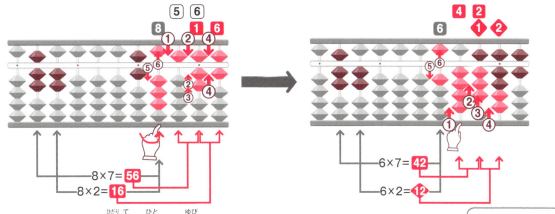

6.8と0.72をおき、左手の人さし指をかけられる数の一の位から1つ右に進める。8×7のこたえ56をおき、8×2のこたえ16をたす。8をひく

6×7のこたえ42をたし、6×2のこたえ12をたす。6をひく

こたえ **4.896**

いっしょにやってみよう❸ 6.8×0.072を計算しよう

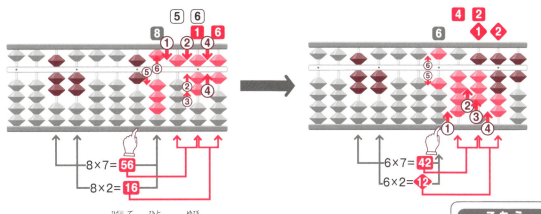

6.8と0.072をおき、左手の人さし指でかけられる数の一の位をおさえる。8×7のこたえ56をおき、8×2のこたえ16をたす。8をひく

6×7のこたえ42をたし、6×2のこたえ12をたす。6をひく

こたえ **0.4896**

小数のかけ算

かける数をよくみて、こたえの一の位をかくにんしましょう。

練習① 0.537 × 5.4 = ☐

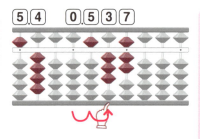

こたえの一の位を指でおさえてから計算を始めよう！

かける数の5.4は整数部分が1ケタだから、かけられる数0.537の一の位の0から2つ右に進めてるんだね！

0.537と5.4をおく。指をかけられる数の一の位から2つ右に進める

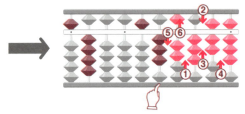

7×5のこたえ35をおき、7×4のこたえ28をたす。7をひく

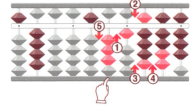

3×5のこたえ15をたし、3×4のこたえ12をたす。3をひく

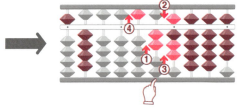

5×5のこたえ25をたし、5×4のこたえ20をたす。5をひく

こたえの一の位は2だから、こたえは2.8998だ！

こたえ 2.8998

練習❷ 0.537 × 0.54 =

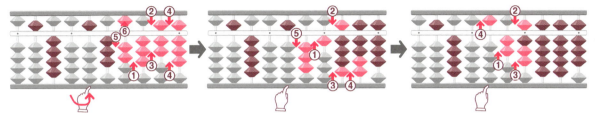

0.537と0.54をおく。指をかけられる数の一の位から1つ右に進める。7×5のこたえ35をおき、7×4のこたえ28をたす。7をひく

3×5のこたえ15をたし、3×4のこたえ12をたす。3をひく

5×5のこたえ25をたし、5×4のこたえ20をたす。5をひく

こたえ 0.28998

練習❸ 0.537 × 0.054 =

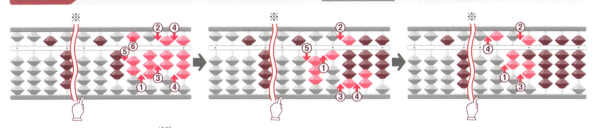

0.537と0.054をおく。指でかけられる数の一の位をおさえる。7×5のこたえ35をおき、7×4のこたえ28をたす。7をひく

3×5のこたえ15をたし、3×4のこたえ12をたす。3をひく

5×5のこたえ25をたし、5×4のこたえ20をたす。5をひく

こたえ 0.028998

※2ケタをしょうりゃく

やってみよう レベル3

❶ 43 × 5.8 =
❷ 8.5 × 4.7 =
❸ 34 × 0.57 =
❹ 2.3 × 0.086 =
❺ 0.476 × 6.3 =
❻ 1.82 × 0.97 =

こたえは120ページ

小数のかけ算

レッスン 24〜25 かくにんテスト7

レベル3

1

① 7.5 × 5.3 =
② 5.4 × 0.37 =
③ 4.7 × 0.085 =
④ 62 × 6.1 =
⑤ 13 × 0.23 =
⑥ 35 × 0.014 =
⑦ 0.96 × 2.9 =
⑧ 0.71 × 0.45 =
⑨ 0.23 × 0.064 =
⑩ 9.6 × 7.5 =
⑪ 25 × 0.12 =
⑫ 5.7 × 36 =
⑬ 0.572 × 6.8 =
⑭ 0.634 × 47 =
⑮ 0.749 × 0.53 =
⑯ 0.298 × 0.091 =
⑰ 432 × 7.2 =
⑱ 123 × 0.39 =
⑲ 987 × 0.016 =
⑳ 3.56 × 2.4 =
㉑ 7.41 × 85 =
㉒ 5.79 × 0.43 =
㉓ 2.64 × 0.052 =
㉔ 62.5 × 9.6 =

119ページのこたえ ❶249.4 ❷39.95 ❸19.38 ❹0.1978 ❺2.9988 ❻1.7654

2

#	1回目	2回目	読み上げ乗算
勉強した日	月 日	月 日	月 日
せいかい数	/24問	/24問	/24問

① 94 × 3.86 =

② 82 × 59.7 =

③ 68 × 0.432 =

④ 76 × 0.0819 =

⑤ 0.59 × 6.41 =

⑥ 0.21 × 93.5 =

⑦ 0.63 × 724 =

⑧ 0.45 × 0.153 =

⑨ 0.37 × 0.0268 =

⑩ 1.3 × 5.49 =

⑪ 5.8 × 86.2 =

⑫ 9.6 × 0.374 =

⑬ 1.6 × 5.39 =

⑭ 20.7 × 0.48 =

⑮ 0.38 × 37.5 =

⑯ 0.0419 × 23 =

⑰ 50 × 1.27 =

⑱ 6.21 × 0.094 =

⑲ 0.72 × 0.816 =

⑳ 86.3 × 7.2 =

㉑ 0.094 × 0.601 =

㉒ 1.45 × 50 =

㉓ 26 × 0.41 =

㉔ 0.657 × 0.032 =

★こたえの千の位と百の位の間にはコンマ(,)を書きましょう。

こたえは124ページ

112～113ページかくにんテスト6のこたえ

1 ①4,896 ②1,938 ③2,993 ④2,108 ⑤2,268 ⑥975 ⑦792 ⑧930 ⑨483 ⑩372 ⑪2,850 ⑫900 ⑬1,978 ⑭8,924 ⑮1,656 ⑯3,822 ⑰1,449 ⑱972 ⑲1,184 ⑳630 ㉑276 ㉒408 ㉓1,600 ㉔4,800

2 ①45,792 ②39,812 ③69,408 ④18,183 ⑤28,245 ⑥14,674 ⑦28,853 ⑧12,168 ⑨22,557 ⑩9,486 ⑪9,672 ⑫8,280 ⑬43,785 ⑭16,188 ⑮33,288 ⑯10,668 ⑰71,466 ⑱7,182 ⑲6,895 ⑳37,696 ㉑19,437 ㉒27,054 ㉓72,540 ㉔34,850

かけ算

3章 まとめて おさらい

かけ算のおさらいです。全問せいかいを目指しましょう!

1

もくひょう 19問 せいかい

もくひょうの点数をせいかいしたら、本のはじめ(15ページ)にある「たっせいシート」にマークをしよう!

勉強した日	〈1回目〉 月 日	〈2回目〉 月 日	〈読み上げ乗算〉 月 日
せいかい数	/24問	/24問	/24問

	2回目	1回目		2回目	1回目
❶ 586 × 23 =			⓭ 190 × 32 =		
❷ 419 × 85 =			⓮ 75 × 641 =		
❸ 35 × 427 =			⓯ 6.08 × 4.3 =		
❹ 802 × 34 =			⓰ 0.24 × 527 =		
❺ 21 × 759 =			⓱ 928 × 60 =		
❻ 148 × 16 =			⓲ 82 × 87.5 =		
❼ 971 × 86 =			⓳ 543 × 0.96 =		
❽ 60 × 490 =			⓴ 46 × 132 =		
❾ 794 × 62 =			㉑ 0.37 × 2.07 =		
❿ 289 × 78 =			㉒ 16.9 × 0.038 =		
⓫ 597 × 91 =			㉓ 75 × 581 =		
⓬ 863 × 54 =			㉔ 0.931 × 74 =		

2

もくひょう 22問せいかい

勉強した日	〈1回目〉 月 日	〈2回目〉 月 日	〈読み上げ乗算〉 月 日
せいかい数	/28問	/28問	/28問

1回目 / 2回目

① 423 × 856 =
② 598 × 124 =
③ 137 × 619 =
④ 85 × 4,302 =
⑤ 369 × 347 =
⑥ 74 × 2,891 =
⑦ 680 × 538 =
⑧ 4.591 × 6.5 =
⑨ 370 × 25.1 =
⑩ 63.95 × 90 =
⑪ 0.187 × 4.78 =
⑫ 5.98 × 0.179 =
⑬ 0.094 × 7,082 =
⑭ 7.13 × 0.0594 =

⑮ 7,542 × 638 =
⑯ 236 × 1,794 =
⑰ 45,197 × 25 =
⑱ 872 × 3,426 =
⑲ 5,139 × 789 =
⑳ 357 × 1,924 =
㉑ 3,625 × 571 =
㉒ 1.0798 × 4.2 =
㉓ 0.284 × 8,053 =
㉔ 56,210 × 0.93 =
㉕ 78.09 × 412 =
㉖ 0.0683 × 69.07 =
㉗ 132.6 × 0.0865 =
㉘ 97,841 × 2.1 =

★ こたえの千の位と百の位，百万の位と十万の位の間にはコンマ(,)を書きましょう。 こたえは137ページ

コラム 3

そろばんでふしぎな計算式にチャレンジ！

そろばんで、下の問題を計算してみましょう。どのようなこたえになるでしょうか？ そろばんのたまの動きにも注目してみましょう。

1
① 11 × 11 = ◻
② 111 × 111 = ◻
③ 1111 × 1111 = ◻

2
① 3 × 9 + 6 = ◻
② 33 × 99 + 66 = ◻
③ 333 × 999 + 666 = ◻

こたえは126ページ

かけ算とたし算の問題だ。だんだんと数がふえてるね！

それぞれのこたえをならべると、どうなるかな？

計算のこたえは…わぁ、ふしぎ！なんでこうなるんだろう？

120〜121ページかくにんテスト7のこたえ

1 ① 39.75 ② 1.998 ③ 0.3995 ④ 378.2 ⑤ 2.99 ⑥ 0.49 ⑦ 2.784 ⑧ 0.3195 ⑨ 0.01472 ⑩ 72 ⑪ 3 ⑫ 205.2 ⑬ 3.8896 ⑭ 29.798 ⑮ 0.39697 ⑯ 0.027118 ⑰ 3,110.4 ⑱ 47.97 ⑲ 15.792 ⑳ 8.544 ㉑ 629.85 ㉒ 2.4897 ㉓ 0.13728 ㉔ 600

2 ① 362.84 ② 4,895.4 ③ 29.376 ④ 6.2244 ⑤ 3.7819 ⑥ 19.635 ⑦ 456.12 ⑧ 0.06885 ⑨ 0.009916 ⑩ 7.137 ⑪ 499.96 ⑫ 3.5904 ⑬ 8.624 ⑭ 9.936 ⑮ 14.25 ⑯ 0.9637 ⑰ 63.5 ⑱ 0.58374 ⑲ 0.58752 ⑳ 621.36 ㉑ 0.056494 ㉒ 72.5 ㉓ 10.66 ㉔ 0.021024

4章
わり算

つづいて、わり算をおぼえましょう。
九九とひき算ができれば、計算することができます。

レッスン26 わり算のルール

かけ算九九をきほんに、こたえをおきましょう。

例題 15÷3を計算しよう

1 わられる数15とわる数を3おきます。

2 15÷3を考えて、こたえの5を15のすぐ左におきます。

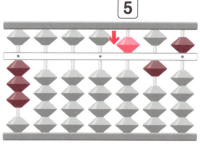

15÷3なら15がわられる数、3がわる数ね。わる数をわられる数の左においたよ。

わり算のきほんはかけ算九九だよ。15÷3のこたえは、九九の三の段を考えてみつけよう。

3 5×3で15をわられる数からひきます。

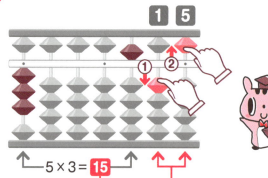

こたえは5。わられる数15の一の位から2つ左がこたえの一の位になるよ。

こたえ 5

例題 8÷4を計算しよう

1 わられる数8とわる数4をおきます。

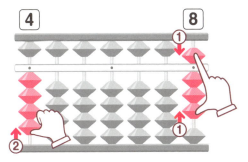

8をおいて、少しはなしたところに4をおいたよ。

2 8÷4を考えて、こたえの2を8の2つ左におきます。

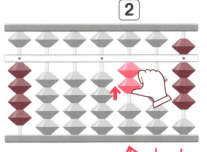

こたえの2は、8のすぐ右にはおかないんだね。

わられる数が1ケタのときは、2つ左にこたえをおくんだよ。

3 2×4で8をわられる数からひきます。

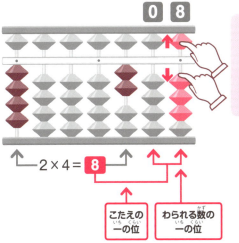

8を $\boxed{0}\boxed{8}$ と考えて、2つ左にこたえをおいているんだね。

ココに注意！

わられる数の近くの定位点にわる数をおくと、こたえとぶつかる時があります。注意しましょう。

こたえ 2

レッスン 27-1 1ケタでわるわり算①

いっしょにやってみよう

こたえが2ケタになる問題は十の位→一の位のじゅんに計算します。

いっしょにやってみよう ① 69÷3を計算しよう

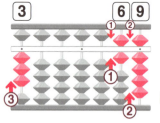

わられる数69とわる数3をおく

十の位をみると、6は3でわれるね。

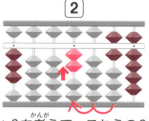

6÷3を考えて、こたえの2をわられる数の2つ左におく

0 6 ÷ 3 と考えて、2つ左にこたえの2をおくんだね。

2×3で6をわられる数からひく

十の位のこたえが出たね。次は一の位のこたえを出そう。

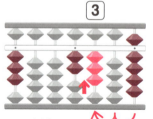

9÷3を考えて、こたえの3をわられる数の2つ左におく

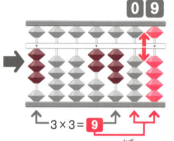

3×3で9をわられる数からひく

わられる数が2けたでも1ケタずつわる時は2つ左にこたえをおくんだね。

こたえ **23**

いっしょにやってみよう ② 78÷2を計算しよう

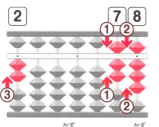

わられる数78とわる数2をおく

さいしょは7÷2の計算だ。わりきれないけど3×2＝6なら7からひくことはできるね。

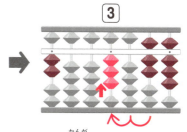

7÷2を考えて、こたえの3をわられる数の2つ左におく

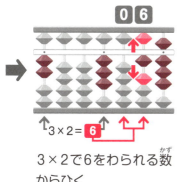

3×2で6をわられる数からひく

7÷2であまった1はのこして、のこった18を2でわったこたえを考えよう。

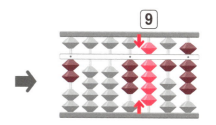

18÷2を考えて、こたえの9をわられる数のすぐ左におく

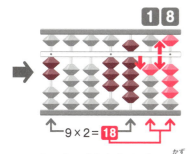

9×2で18をわられる数からひく

わられる数の一の位から2つ左がこたえの一の位だから、こたえは39だね！

せいかい！そのルールをおぼえておこうね。

こたえ 39

1ケタでわるわり算①

わられる数の大きい位から計算します。

練習① 128 ÷ 4 = ☐

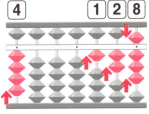

128と4をおく

百の位の1は4でわれないね。そういう時はわられる数の十の位もふくめて考えよう。12÷4だとこたえが出せるね。

12÷4を考えて、こたえの3をわられる数のすぐ左におく

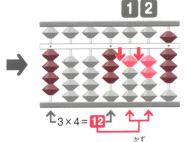

3×4で12をわられる数からひく

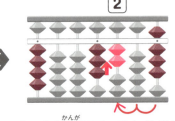

8÷4を考えて、こたえの2をわられる数の2つ左におく

こたえをおくのは8の2つ左だよ。8を0 8と考えてね。

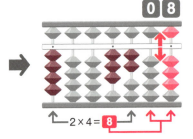

2×4で8をわられる数からひく

0 8と考えてわられる数の2つ左にこたえをおくのは、いつもかわらないんだね。

こたえ 32

練習❷ 684 ÷ 9 = ☐

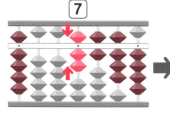

684と9をおく。68÷9を考えて、こたえの7をわられる数のすぐ左におく

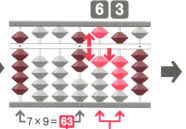

7×9で63をわられる数からひく

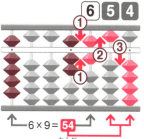

54÷9を考えて、こたえの6をわられる数のすぐ左におく。6×9で54をわられる数からひく

こたえ **76**

練習❸ 400 ÷ 8 = ☐

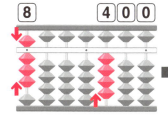

400と8をおく

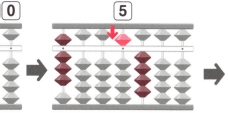

40÷8を考えて、こたえの5をわられる数のすぐ左におく

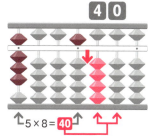

5×8で40をわられる数からひく

こたえ **50**

こたえの一の位は、わられる数の一の位から2つ左だったね。こたえを5と読みまちがえなかったかな？

やってみよう　レベル1

❶ 68 ÷ 2 = ☐
❷ 80 ÷ 5 = ☐
❸ 75 ÷ 3 = ☐
❹ 364 ÷ 4 = ☐
❺ 581 ÷ 7 = ☐
❻ 300 ÷ 5 = ☐

こたえは132ページ

レッスン 28-1 1ケタでわるわり算②

ケタがふえても、きほんは同じです。

いっしょにやってみよう

いっしょにやってみよう ① 986÷2を計算しよう

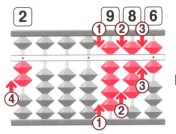

986と2をおく

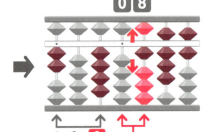

9÷2を考えて、こたえの4をわられる数の2つ左におく

4×2で8をわられる数からひく

さいしょは9÷2の計算だ。あ！わられる数が1ケタだね。

よく気づいたね！いいぞ！

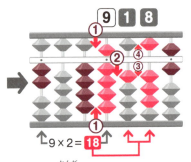

18÷2を考えて、こたえの9をわられる数のすぐ左におく。
9×2で18をわられる数からひく

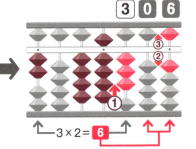

6÷2を考えて、こたえの3をわられる数の2つ左におく。
3×2で6をわられる数からひく

わられる数が大きくなっても計算の回数がふえるだけだね。やり方はいっしょだ！

こたえ **493**

131ページのこたえ ❶34 ❷16 ❸25 ❹91 ❺83 ❻60

7,884÷9を計算しよう

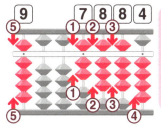

7,884と9をおく

78÷9からスタートだね！

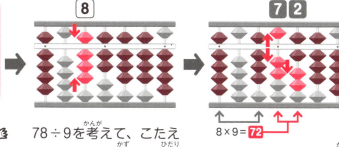

78÷9を考えて、こたえの8をわられる数のすぐ左におく

8×9で72をわられる数からひく

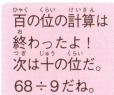

百の位の計算は終わったよ！次は十の位だ。68÷9だね。

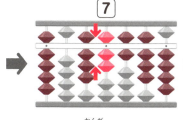

68÷9を考えて、こたえの7をわられる数のすぐ左におく

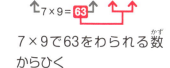

7×9で63をわられる数からひく

さいごは一の位。54÷9を計算しよう。

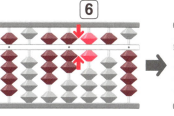

54÷9を考えて、こたえの6をわられる数のすぐ左におく

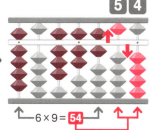

6×9で54をわられる数からひく

こたえ **876**

レッスン 28-2　1ケタでわるわり算②

こたえをおく位置をしっかりおぼえましょう。

練習しながらおぼえよう

練習❶　4,326 ÷ 6 = ☐

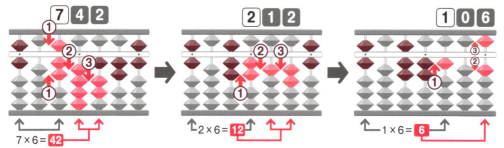

4,326と6をおく。43÷6を考えて、こたえの7をわられる数のすぐ左におく。7×6で42をひく

12÷6を考えて、こたえの2をわられる数のすぐ左におく。2×6で12をひく

6÷6を考えて、こたえの1をわられる数の2つ左におく。1×6で6をひく

こたえ　721

練習❷　912 ÷ 3 = ☐

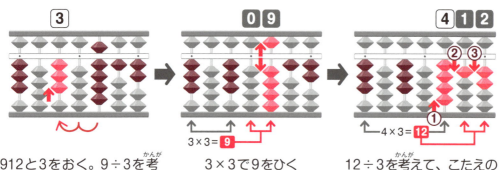

912と3をおく。9÷3を考えて、こたえの3をわられる数の2つ左におく

3×3で9をひく

12÷3を考えて、こたえの4をわられる数のすぐ左におく。4×3で12をひく

こたえ　304

練習❸ 3,050 ÷ 5 = ☐

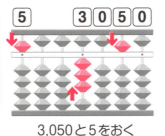

わられる数に0が入っているね。少しむずかしいけどがんばって！

3,050と5をおく

30÷5を考えて、こたえの6をわられる数のすぐ左におく

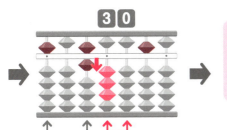

6×5で30をひく

次は十の位の5を考えるんだね。

5÷5を考えて、こたえの1をわられる数の2つ左におく

1×5で5をひく

こたえは61…じゃなくて610だ！

こたえ 610

やってみよう　レベル1

① 948 ÷ 4 = ☐　　③ 3,368 ÷ 8 = ☐　　⑤ 4,836 ÷ 6 = ☐

② 630 ÷ 2 = ☐　　④ 6,391 ÷ 7 = ☐　　⑥ 870 ÷ 3 = ☐

こたえは136ページ

1ケタでわるわり算① / 1ケタでわるわり算②

レッスン 27〜28 かくにんテスト8

< 1回目 >　< 2回目 >　< 読み上げ除算 >

勉強した日　月　日　　月　日　　月　日

せいかい数　／24問　／24問　／24問

レベル1

1

① 48 ÷ 4 =
② 86 ÷ 2 =
③ 78 ÷ 3 =
④ 94 ÷ 2 =
⑤ 60 ÷ 5 =
⑥ 80 ÷ 4 =
⑦ 189 ÷ 3 =
⑧ 204 ÷ 4 =
⑨ 432 ÷ 6 =
⑩ 245 ÷ 7 =
⑪ 490 ÷ 5 =
⑫ 320 ÷ 8 =

⑬ 56 ÷ 2 =
⑭ 68 ÷ 4 =
⑮ 117 ÷ 3 =
⑯ 144 ÷ 9 =
⑰ 760 ÷ 8 =
⑱ 276 ÷ 6 =
⑲ 609 ÷ 7 =
⑳ 342 ÷ 9 =
㉑ 50 ÷ 2 =
㉒ 300 ÷ 4 =
㉓ 200 ÷ 5 =
㉔ 534 ÷ 6 =

135ページのこたえ　❶237　❷315　❸421　❹913　❺806　❻290

	1回目	2回目	読み上げ除算
勉強した日	月　日	月　日	月　日
せいかい数	／24問	／24問	／24問

2

① 396 ÷ 3 =
② 842 ÷ 2 =
③ 1,896 ÷ 8 =
④ 3,983 ÷ 7 =
⑤ 1,488 ÷ 4 =
⑥ 970 ÷ 5 =
⑦ 648 ÷ 3 =
⑧ 816 ÷ 2 =
⑨ 6,345 ÷ 9 =
⑩ 3,006 ÷ 6 =
⑪ 7,440 ÷ 8 =
⑫ 900 ÷ 2 =

⑬ 868 ÷ 4 =
⑭ 417 ÷ 3 =
⑮ 2,562 ÷ 6 =
⑯ 6,024 ÷ 8 =
⑰ 2,484 ÷ 9 =
⑱ 6,237 ÷ 7 =
⑲ 550 ÷ 2 =
⑳ 4,164 ÷ 6 =
㉑ 2,080 ÷ 4 =
㉒ 4,020 ÷ 5 =
㉓ 540 ÷ 3 =
㉔ 410 ÷ 2 =

こたえは151ページ

122〜123ページのこたえ

1 ①13,478 ②35,615 ③14,945 ④27,268 ⑤15,939 ⑥2,368 ⑦83,506 ⑧29,400 ⑨49,228 ⑩22,542 ⑪54,327 ⑫46,602 ⑬6,080 ⑭48,075 ⑮26.144 ⑯126.48 ⑰55,680 ⑱7,175 ⑲521.28 ⑳6,072 ㉑0.7659 ㉒0.6422 ㉓43,575 ㉔68.894

2 ①362,088 ②74,152 ③84,803 ④365,670 ⑤128,043 ⑥213,934 ⑦365,840 ⑧29.8415 ⑨9,287 ⑩5,755.5 ⑪0.89386 ⑫1.07042 ⑬665.708 ⑭0.423522 ⑮4,811,796 ⑯423,384 ⑰1,129,925 ⑱2,987,472 ⑲4,054,671 ⑳686,868 ㉑2,069,875 ㉒4.53516 ㉓2,287.052 ㉔52,275.3 ㉕32,173.08 ㉖4.717481 ㉗11.4699 ㉘205,466.1

レッスン 29-1 2ケタでわるわり算①

いっしょにやってみよう

こたえをおいたら、わる数の十の位→一の位のじゅんにかけましょう。

例題　63÷21を計算しよう

わる数・わられる数のどちらも大きい位から考えます。

1 わられる数63とわる数21をおきます。

わる数を少しはなしておいたよ。

2 6÷2を考え、こたえをおきます。

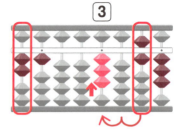

こたえの3をわられる数6の2つ左におこう。

3 わる数の十の位からかけます。3×2で6をひきます。

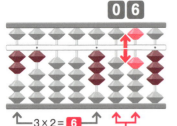

でもまだわる数の一の位は計算していないよ。

4 わる数の一の位とこたえをかけます。3×1で3を1つ右にずらしてひきます。

ココに注意！

こたえの一の位は、わられる数の一の位からわる数のケタ数に1をたした分だけ左に進んだ場所になります。

3×21を3×20と3×1にわけてひいているんだよ。

こたえ　3

いっしょにやってみよう ① 324÷81を計算しよう

わる数は8に注目しよう。わられる数の百の位3は8でわれないから、十の位もあわせて考えようね。

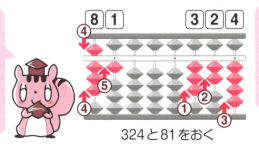

324と81をおく

32÷8でこたえをみつけるんだね。

32÷8を考えると、こたえは4だね。この4はどこにおけばいいのかな？

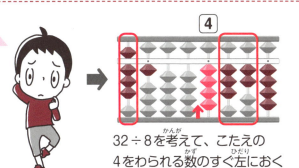

32÷8を考えて、こたえの4をわられる数のすぐ左におく

32÷8を考えているから、わられる数のすぐ左にこたえをおこう。

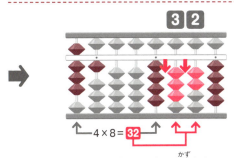

4×8で32をわられる数からひく

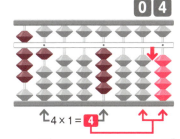

4×1で4を1つ右にずらしてわられる数からひく

ココに注意！

こたえをおいたら、わる数の十の位、一の位のじゅんばんでかけて、わる数からひいていきましょう。

こたえ 4

いっしょにやってみよう ❷ 775÷31を計算しよう

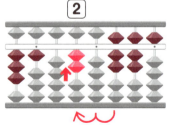

775と31をおく。7÷3を考えて、こたえの2をわられる数の2つ左におく

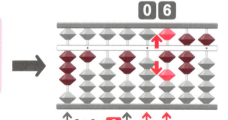

2×3で6をひく

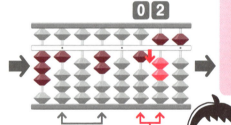

2×1で2を1つ右にずらしてひく

15÷3を考えて、こたえの5をわられる数のすぐ左におく

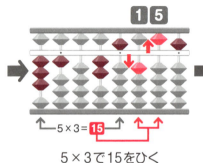

5×3で15をひく

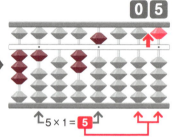

5×1で5を1つ右にずらしてひく

わる数が2ケタだから、こたえの一の位はわる数の一の位から3つ左だね。

こたえ 25

いっしょにやってみよう ③ 4,482÷83を計算しよう

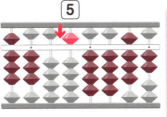
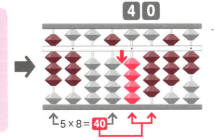

何の位を計算しているかを考えながら進めていこう！

4,482と83をおく。44÷8を考えて、こたえの5をわられる数のすぐ左におく

4は8でわれないから、44÷8を考えればいいね。

5×8で40をひく

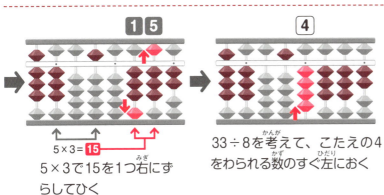

5×3で15を1つ右にずらしてひく

33÷8を考えて、こたえの4をわられる数のすぐ左におく

十の位のこたえは5。次は一の位だよ。

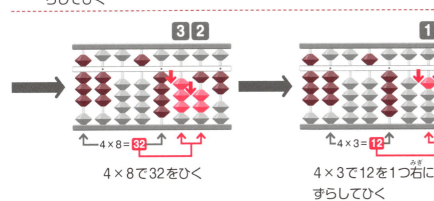

4×8で32をひく

4×3で12を1つ右にずらしてひく

こたえ **54**

レッスン 29-2 　2ケタでわるわり算①

こたえが大きすぎないように、次の九九もたしかめましょう。

練習① 　4,674 ÷ 57 = ☐

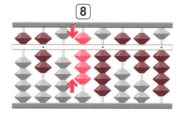

4,674と57をおく。46÷5を考えて、こたえの8をわられる数のすぐ左におく

46÷5を考えると、こたえは9じゃないの？

ちょっとまって…9にすると9×5で45をひいたあと、9×7で63をひくことができないよ。

そうだね。2つめの九九までひけるのをたしかめて、こたえの8をおこう！

8×5で40をひく

8×7で56をひく

11÷5を考えて、こたえの2をわられる数のすぐ左におく

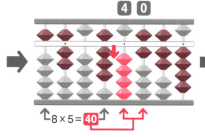
2×5で10をひく

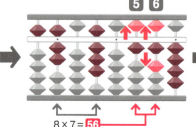
2×7で14をひく

とちゅうで数がひけなくなったら、もどってこたえをおきなおせばだいじょうぶ！

こたえ 82

練習❷ 7,347 ÷ 79 = ☐

7,347と79をおく

この問題もさいしょにおくこたえを注意して考えよう。

えーと、いつものように7÷7と考えてこたえの1を2つ左におくと、次の1×9がひけないんだ！

そんなときは、すぐ左にこたえ9をおくといいよ。

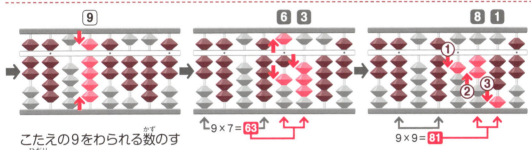

こたえの9をわられる数のすぐ左におく

9×7で63をひく

9×9で81をひく

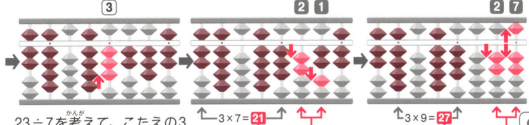

23÷7を考えて、こたえの3をわられる数のすぐ左におく

3×7で21をひく

3×9で27をひく

こたえ 93

やってみよう　レベル2

❶ 984 ÷ 41 = ☐
❷ 384 ÷ 12 = ☐
❸ 2,494 ÷ 58 = ☐
❹ 1,071 ÷ 21 = ☐
❺ 4,896 ÷ 68 = ☐
❻ 8,188 ÷ 89 = ☐

こたえは144ページ

レッスン 30-1 2ケタでわるわり算②

わられる数の位がふえても大きい位から計算します。

いっしょにやってみよう

いっしょにやってみよう ❶ 7,967÷31 を計算しよう

こたえが2のときは、二の段の九九でひいていこうね。

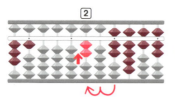
7,967と31をおく。7÷3を考えて、こたえの2をわられる数の2つ左におく

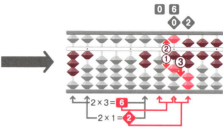
2×3で6をひく。
2×1で2をひく

次は17÷3を考えればいいんだよね。

17÷3を考えて、こたえの5をわられる数のすぐ左におく

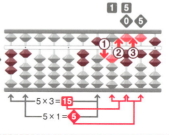
5×3で15をひく。
5×1で5をひく

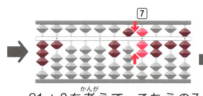
21÷3を考えて、こたえの7をわられる数のすぐ左におく

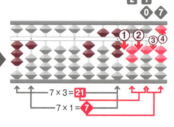
7×3で21をひく。
7×1で7をひく

わられる数の一の位から3つ左がこたえの一の位だから…、257だね！

こたえ 257

143ページのこたえ　❶24　❷32　❸43　❹51　❺72　❻92

28,944 ÷ 54 を計算しよう

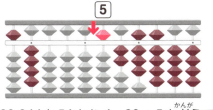

28,944と54をおく。28÷5を考えて、こたえの5をわられる数のすぐ左におく

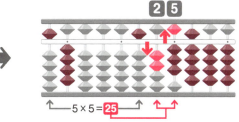

5×5で25をひく

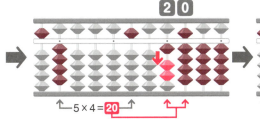

5×4で20をひく

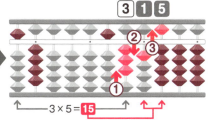

19÷5を考えて、こたえの3をわられる数のすぐ左におく。3×5で15をひく

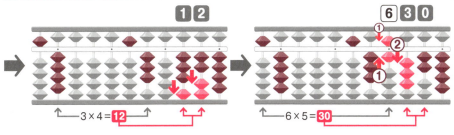

3×4で12をひく

32÷5を考えて、こたえの6をわられる数のすぐ左におく。6×5で30をひく

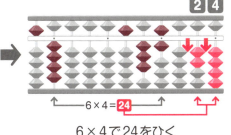

6×4で24をひく

> **ココに注意！**
> こたえをおいたあとは、わる数の十の位と一の位、どちらも忘れずにかけましょう。

こたえ 536

レッスン 30-2 2ケタでわるわり算②

九九がひけるかどうか、考えながら計算しましょう。

練習しながらおぼえよう

練習❶ 9,338 ÷ 23 = ☐

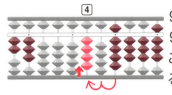

9,338と23をおく。
9÷2を考えて、こたえの4をわられる数の2つ左におく

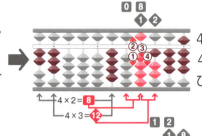

4×2で8をひく。
4×3で12をひく

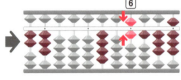

13÷2を考えて、こたえの6をわられる数のすぐ左におく

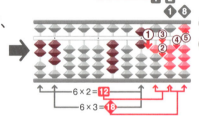

6×2で12をひく。
6×3で18をひく

こたえ 406

練習❷ 38,760 ÷ 76 = ☐

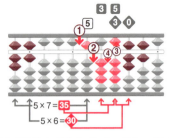

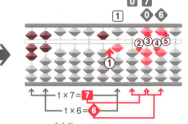

38,760と76をおく。38÷7を考えて、こたえの5をわられる数のすぐ左におく。5×7で35をひく。5×6で30をひく。

7÷7を考えて、こたえの1をわられる数の2つ左におく。
1×7で7をひく。
1×6で6をひく。

1をおく場所をまちがえると、こたえが501になってしまうよ。ちゃんとできたかな？

こたえ 510

練習❸ 9,384 ÷ 24 = ☐

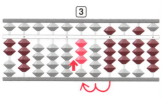

9,384と24をおく。9÷2を考えて、こたえの3をわられる数の2つ左におく

9÷2を考えてこたえ4をおくと、4×2で8をひいたあと、4×4で16をひけなくなるね。

では、1つ少ない3をおこう。3×2→3×4とひいていけるね。

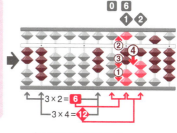

3×2で6をひく。
3×4で12をひく

2÷2のこたえ1をわられる数の2つ左に…あれ！ もう3があるし、1×2の次の1×4がひけないよ。

こたえの9をわられる数のすぐ左におく

9×2で18をひく

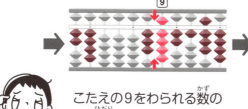

9×4で36をひく

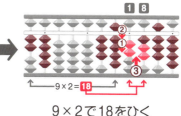

2÷2を考えて、こたえの1をわられる数の2つ左におく。1×2で2をひく。1×4で4をひく

こたえ 391

やってみよう　レベル2

❶ 9,798 ÷ 46 = ☐　　❸ 12,464 ÷ 41 = ☐　　❺ 46,968 ÷ 57 = ☐
❷ 69,936 ÷ 93 = ☐　　❹ 8,640 ÷ 32 = ☐　　❻ 84,366 ÷ 86 = ☐

こたえは148ページ

レッスン31 3ケタでわるわり算

こたえをおくたびにかけ算九九を3回ずつひきましょう。

練習しながらおぼえよう

練習❶ 9,984 ÷ 312 =

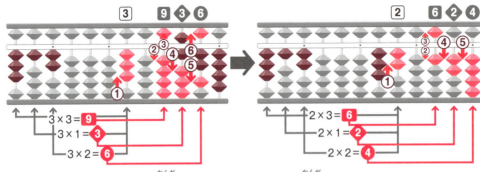

9,984と312をおく。9÷3を考えて、こたえの3をわられる数の2つ左におく。3×3で9、3×1で3、3×2で6をじゅんにひく

6÷3を考えて、こたえの2をわられる数の2つ左におく。2×3で6、2×1で2、2×2で4をじゅんにひく

こたえ 32

練習❷ 88,886 ÷ 907 =

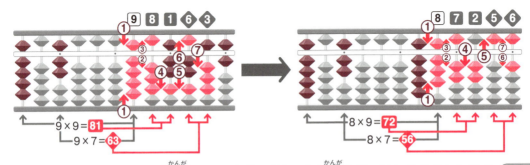

88,886と907をおく。88÷9を考えて、こたえの9をわられる数のすぐ左におく。9×9で81をひく。9×7で63を2つ右にずらしてひく

72÷9を考えて、こたえの8をわられる数のすぐ左におく。8×9で72をひく。8×7で56を2つ右にずらしてひく

こたえ 98

---

148 | 147ページのこたえ ❶213 ❷752 ❸304 ❹270 ❺824 ❻981

練習❸ 32,784 ÷ 683 =

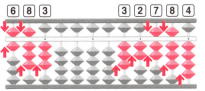
32,784と683をおく

32÷6で5をおくと、5×6＝30の次、5×8＝40がひけなくなっちゃうね。

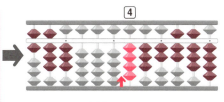
32÷6を考えて、こたえの4をわられる数のすぐ左におく

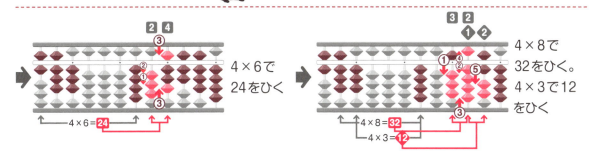

4×6で24をひく

4×8で32をひく。4×3で12をひく

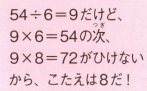
54÷6＝9だけど、9×6＝54の次、9×8＝72がひけないから、こたえは8だ！

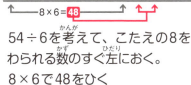
54÷6を考えて、こたえの8をわられる数のすぐ左におく。8×6で48をひく

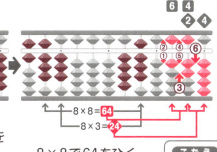
8×8で64をひく。8×3で24をひく

こたえ 48

やってみよう　レベル2

❶ 9,798 ÷ 426 =　　　❸ 37,741 ÷ 803 =　　　❺ 44,958 ÷ 762 =
❷ 48,576 ÷ 759 =　　　❹ 6,432 ÷ 201 =　　　❻ 8,463 ÷ 217 =

こたえは150ページ

2ケタでわるわり算①
2ケタでわるわり算②
3ケタでわるわり算

レッスン 29〜31 かくにんテスト9

〈 1回目 〉 〈 2回目 〉 〈 読み上げ除算 〉

勉強した日　月　日　月　日　月　日

せいかい数　/24問　/24問　/24問

レベル2

1

① 975 ÷ 75 =
② 899 ÷ 31 =
③ 372 ÷ 12 =
④ 483 ÷ 21 =
⑤ 1,938 ÷ 57 =
⑥ 4,896 ÷ 72 =
⑦ 2,993 ÷ 41 =
⑧ 1,984 ÷ 62 =
⑨ 984 ÷ 24 =
⑩ 792 ÷ 33 =
⑪ 2,438 ÷ 46 =
⑫ 4,788 ÷ 57 =
⑬ 630 ÷ 45 =
⑭ 598 ÷ 23 =
⑮ 408 ÷ 34 =
⑯ 672 ÷ 21 =
⑰ 1,978 ÷ 86 =
⑱ 8,924 ÷ 92 =
⑲ 2,982 ÷ 71 =
⑳ 1,449 ÷ 63 =
㉑ 768 ÷ 24 =
㉒ 851 ÷ 37 =
㉓ 4,560 ÷ 48 =
㉔ 5,074 ÷ 59 =

149ページのこたえ　❶23　❷64　❸47　❹32　❺59　❻39

2

	2回目	1回目

① 5,535 ÷ 41 =
② 8,992 ÷ 32 =
③ 69,408 ÷ 96 =
④ 38,979 ÷ 71 =
⑤ 12,168 ÷ 52 =
⑥ 79,056 ÷ 81 =
⑦ 10,608 ÷ 34 =
⑧ 38,665 ÷ 95 =
⑨ 53,550 ÷ 63 =
⑩ 25,632 ÷ 48 =
⑪ 48,816 ÷ 72 =
⑫ 35,685 ÷ 39 =

⑬ 7,182 ÷ 342 =
⑭ 6,880 ÷ 215 =
⑮ 70,224 ÷ 836 =
⑯ 27,820 ÷ 428 =
⑰ 13,179 ÷ 573 =
⑱ 47,736 ÷ 612 =
⑲ 32,384 ÷ 704 =
⑳ 5,512 ÷ 106 =
㉑ 9,315 ÷ 345 =
㉒ 74,715 ÷ 879 =
㉓ 24,158 ÷ 257 =
㉔ 53,799 ÷ 681 =

こたえは 157 ページ

136〜137ページかくにんテスト8のこたえ

1 ①12 ②43 ③26 ④47 ⑤12 ⑥20 ⑦63 ⑧51 ⑨72 ⑩35 ⑪98 ⑫40 ⑬28 ⑭17 ⑮39 ⑯16 ⑰95 ⑱46 ⑲87 ⑳38 ㉑25 ㉒75 ㉓40 ㉔89

2 ①132 ②421 ③237 ④569 ⑤372 ⑥194 ⑦216 ⑧408 ⑨705 ⑩501 ⑪930 ⑫450 ⑬217 ⑭139 ⑮427 ⑯753 ⑰276 ⑱891 ⑲275 ⑳694 ㉑520 ㉒804 ㉓180 ㉔205

小数のわり算

わる数によってこたえの一の位の場所がかわります。

いっしょにやってみよう

例題　小数のわり算の一の位をおぼえよう

❶ 3.484 ÷ 67 ＝ 0.052
❷ 3.484 ÷ 6.7 ＝ 0.52
❸ 3.484 ÷ 0.67 ＝ 5.2
❹ 3.484 ÷ 0.067 ＝ 52

そろばんで❶～❹のこたえを表すと…

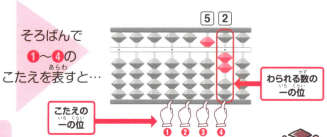

小数のかけ算とは反対で、一の位の場所が1つずつ右にずれているね！

小数のわり算は、わる数によって一の位が下のようにかわるよ。

❶ わる数の整数部分が2ケタ　　例) 67　　　 われる数の一の位から3つ左がこたえの一の位
❷ わる数の整数部分が1ケタ　　例) 6.7　　　われる数の一の位から2つ左がこたえの一の位
❸ わる数が小数第一位から始まる　例) 0.67　 われる数の一の位から1つ左がこたえの一の位
❹ わる数が小数第二位から始まる　例) 0.067　われる数の一の位がこたえの一の位

計算する前にこたえの一の位を左手の人さし指でおさえて、そのまま計算しよう！

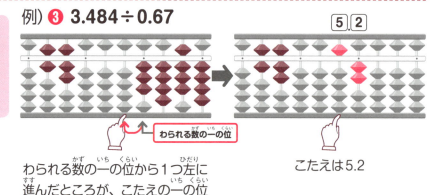

152

いっしょにやってみよう ① 48.96÷7.2を計算しよう

わる数の整数部分が1ケタの計算だね。こたえの一の位を指でおさえてから始めよう！

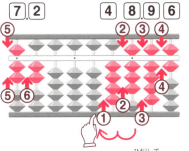
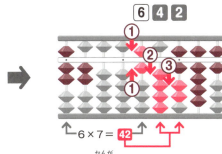

48.96と7.2をおき、左手の人さし指をわられる数の一の位から2つ左に進める

48÷7を考えて、こたえの6をわられる数のすぐ左におく。6×7で42をわられる数からひく

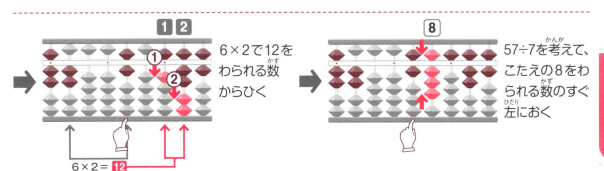

6×2で12をわられる数からひく

57÷7を考えて、こたえの8をわられる数のすぐ左におく

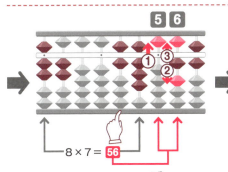
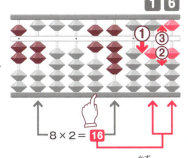

8×7で56をわられる数からひく

8×2で16をわられる数からひく

指でおさえているところがこたえの一の位だから、こたえは6.8だね！

こたえ 6.8

レッスン 32-2 小数のわり算

こたえの一の位の場所を決めてから計算しましょう。

練習しながらおぼえよう

練習❶ 39.9 ÷ 0.95 = ☐

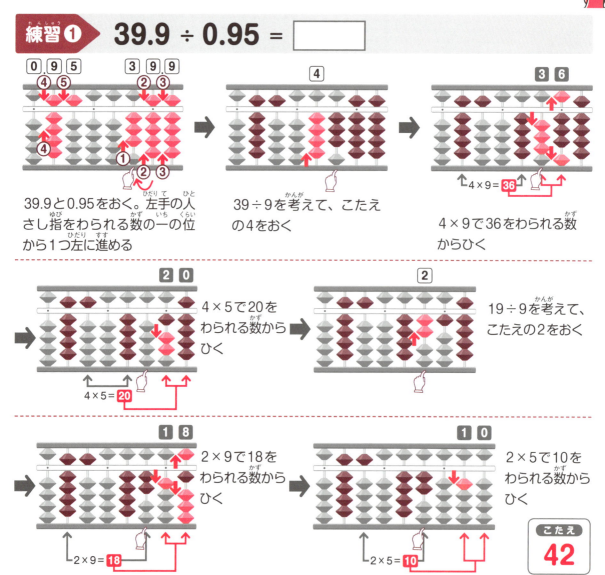

39.9と0.95をおく。左手の人さし指をわられる数の一の位から1つ左に進める

39÷9を考えて、こたえの4をおく

4×9で36をわられる数からひく

4×5で20をわられる数からひく

19÷9を考えて、こたえの2をおく

2×9で18をわられる数からひく

2×5で10をわられる数からひく

こたえ **42**

練習❷ 0.4674 ÷ 0.082 = ☐

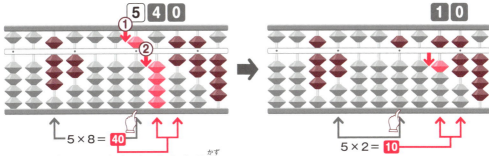

0.4674と0.082をおく。わられる数の一の位を左手の人さし指でおさえる。46÷8を考えてこたえの5をおき、5×8で40をわられる数からひく

5×2で10をわられる数からひく

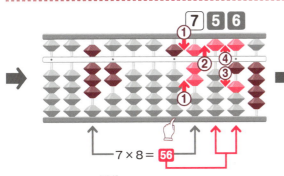

57÷8を考えて、こたえの7をおく。7×8で56をわられる数からひく

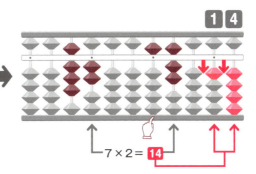

7×2で14をわられる数からひく

こたえ 5.7

やってみよう　レベル3

❶ 39.56 ÷ 43 = ☐　❸ 38.4 ÷ 0.12 = ☐　❺ 147 ÷ 2.1 = ☐
❷ 58.93 ÷ 7.1 = ☐　❹ 8.645 ÷ 0.091 = ☐　❻ 0.2592 ÷ 0.72 = ☐

こたえは156ページ

小数のわり算

レッスン 32 かくにんテスト10

〈 1回目 〉　〈 2回目 〉　〈 読み上げ除算 〉

勉強した日　月　日　月　日　月　日

せいかい数　／24問　／24問　／24問

レベル0

1

① 39.75 ÷ 5.3 =
② 19.98 ÷ 0.37 =
③ 40.035 ÷ 0.085 =
④ 0.5002 ÷ 6.1 =
⑤ 0.299 ÷ 0.23 =
⑥ 0.481 ÷ 0.074 =
⑦ 1,764 ÷ 4.9 =
⑧ 3 ÷ 0.12 =
⑨ 9,408 ÷ 0.096 =
⑩ 193.8 ÷ 38 =
⑪ 4.263 ÷ 0.87 =
⑫ 0.054 ÷ 0.075 =

⑬ 0.27262 ÷ 4.3 =
⑭ 0.4619 ÷ 0.62 =
⑮ 0.29288 ÷ 0.056 =
⑯ 19,838 ÷ 9.1 =
⑰ 31,968 ÷ 0.74 =
⑱ 4,797 ÷ 0.039 =
⑲ 9.342 ÷ 2.7 =
⑳ 1.5792 ÷ 0.16 =
㉑ 6.2985 ÷ 0.085 =
㉒ 253.92 ÷ 0.48 =
㉓ 0.037388 ÷ 0.052 =
㉔ 6 ÷ 96 =

156　155ページのこたえ　❶ 0.92　❷ 8.3　❸ 320　❹ 95　❺ 70　❻ 0.36

	〈 1回目 〉	〈 2回目 〉	〈 読み上げ除算 〉
勉強した日	月 日	月 日	月 日
せいかい数	/24問	/24問	/24問

2

	2回目	1回目		2回目	1回目
① 432.14 ÷ 5.27 =			⑬ 993.6 ÷ 4.8 =		
② 272.16 ÷ 43.2 =			⑭ 0.08624 ÷ 0.539 =		
③ 606.06 ÷ 0.819 =			⑮ 0.1425 ÷ 0.0375 =		
④ 317.73 ÷ 0.0623 =			⑯ 9.545 ÷ 23 =		
⑤ 0.2561 ÷ 9.85 =			⑰ 68.58 ÷ 12.7 =		
⑥ 0.45612 ÷ 72.4 =			⑱ 0.058374 ÷ 0.94 =		
⑦ 0.7616 ÷ 0.238 =			⑲ 6.1273 ÷ 0.071 =		
⑧ 0.1782 ÷ 0.0396 =			⑳ 5,875.2 ÷ 816 =		
⑨ 2.058 ÷ 1.47 =			㉑ 7,540 ÷ 5.2 =		
⑩ 56.357 ÷ 581 =			㉒ 0.056494 ÷ 0.601 =		
⑪ 0.7 ÷ 0.0875 =			㉓ 106.6 ÷ 410 =		
⑫ 3.5697 ÷ 0.489 =			㉔ 0.022698 ÷ 0.039 =		

★こたえの千の位と百の位の間にはコンマ(,)を書きましょう。　　こたえは159ページ

150〜151ページかくにんテスト9のこたえ

1 ①13 ②29 ③31 ④23 ⑤34 ⑥68 ⑦73 ⑧32 ⑨41 ⑩24 ⑪53 ⑫84 ⑬14 ⑭26 ⑮12 ⑯32 ⑰23 ⑱97 ⑲42 ⑳23 ㉑32 ㉒23 ㉓95 ㉔86

2 ①135 ②281 ③723 ④549 ⑤234 ⑥976 ⑦312 ⑧407 ⑨850 ⑩534 ⑪678 ⑫915 ⑬21 ⑭32 ⑮84 ⑯65 ⑰23 ⑱78 ⑲46 ⑳52 ㉑27 ㉒85 ㉓94 ㉔79

わり算

わり算のおさらいです。全問せいかいを目指しましょう!

1

もくひょう **19問** せいかい

勉強した日	〈 1回目 〉 月 日	〈 2回目 〉 月 日	〈 読み上げ除算 〉 月 日
せいかい数	/24問	/24問	/24問

❶ 52,128 ÷ 96 =

❷ 68,894 ÷ 74 =

❸ 14,945 ÷ 427 =

❹ 25,664 ÷ 32 =

❺ 15,939 ÷ 759 =

❻ 49,228 ÷ 62 =

❼ 83,678 ÷ 86 =

❽ 22,542 ÷ 78 =

❾ 54,327 ÷ 91 =

❿ 46,812 ÷ 564 =

⓫ 2,368 ÷ 16 =

⓬ 11,368 ÷ 203 =

⓭ 6,080 ÷ 32 =

⓮ 48,075 ÷ 641 =

⓯ 265.74 ÷ 4.3 =

⓰ 1.2648 ÷ 52.7 =

⓱ 63,549 ÷ 69 =

⓲ 0.7175 ÷ 0.875 =

⓳ 76.59 ÷ 207 =

⓴ 6,422 ÷ 38 =

㉑ 4,357.5 ÷ 581 =

㉒ 7.1668 ÷ 0.076 =

㉓ 54,516 ÷ 924 =

㉔ 105 ÷ 1.2 =

2

もくひょう 19問せいかい

	1回目	2回目	読み上げ除算
勉強した日	月　日	月　日	月　日
せいかい数	/24問	/24問	/24問

① 391,698 ÷ 846 =
② 78,613 ÷ 619 =
③ 611,780 ÷ 724 =
④ 49,612 ÷ 157 =
⑤ 579,855 ÷ 93 =
⑥ 283,465 ÷ 65 =
⑦ 71,736 ÷ 42 =
⑧ 153,062 ÷ 58 =
⑨ 421,844 ÷ 652 =
⑩ 263,412 ÷ 324 =
⑪ 385,671 ÷ 403 =
⑫ 173,974 ÷ 2,351 =
⑬ 473.396 ÷ 6.38 =
⑭ 73,112 ÷ 1,924 =
⑮ 123,925 ÷ 25 =
⑯ 3.92931 ÷ 0.729 =
⑰ 0.204561 ÷ 0.021 =
⑱ 108,990 ÷ 865 =
⑲ 0.36567 ÷ 4.302 =
⑳ 22.3121 ÷ 347 =
㉑ 1.22864 ÷ 5.6 =
㉒ 215,556 ÷ 284 =
㉓ 372,894 ÷ 9,813 =
㉔ 0.098856 ÷ 0.18 =

★こたえの千の位と百の位の間にはコンマ(,)を書きましょう。

こたえは160ページ

156〜157ページ かくにんテスト10のこたえ

1 ① 7.5 ② 54 ③ 471 ④ 0.082 ⑤ 1.3 ⑥ 6.5 ⑦ 360 ⑧ 25 ⑨ 98,000 ⑩ 5.1 ⑪ 4.9 ⑫ 0.72 ⑬ 0.0634 ⑭ 0.745 ⑮ 5.23 ⑯ 2,180 ⑰ 43,200 ⑱ 123,000 ⑲ 3.46 ⑳ 9.87 ㉑ 74.1 ㉒ 529 ㉓ 0.719 ㉔ 0.0625

2 ① 82 ② 6.3 ③ 740 ④ 5,100 ⑤ 0.026 ⑥ 0.0063 ⑦ 3.2 ⑧ 4.5 ⑨ 1.4 ⑩ 0.097 ⑪ 8 ⑫ 7.3 ⑬ 207 ⑭ 0.16 ⑮ 3.8 ⑯ 0.415 ⑰ 5.4 ⑱ 0.0621 ⑲ 86.3 ⑳ 7.2 ㉑ 1,450 ㉒ 0.094 ㉓ 0.26 ㉔ 0.582

コラム4 そろばんで時刻と時間の計算をしてみよう

そろばんを使うと、時刻と時間をかんたんに計算することができます。次の問題をいっしょにやってみましょう。

問題
かずくんとけいちゃんは、電車に乗って先生のところに遊びに行きました。電車に乗ったのは午後1時21分で、そこから先生の住む駅までは1時間56分かかります。先生の住む駅に着くのは何時何分でしょうか？

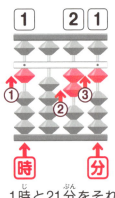

1時と21分をそれぞれ定位点に合わせておく

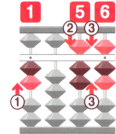

1時間56分をたす

これだと2時77分にみえるね。1時間は60分だから、分を時間にくり上げよう！

60分をひいて、1時間をたす

こたえ 3時17分

158～159ページのこたえ

1 ❶543 ❷931 ❸35 ❹802 ❺21 ❻794 ❼973 ❽289 ❾597 ❿83 ⓫148 ⓬56 ⓭190 ⓮75 ⓯61.8 ⓰0.024 ⓱921 ⓲0.82 ⓳0.37 ⓴169 ㉑7.5 ㉒94.3 ㉓59 ㉔87.5

2 ❶463 ❷127 ❸845 ❹316 ❺6,235 ❻4,361 ❼1,708 ❽2,639 ❾647 ❿813 ⓫957 ⓬74 ⓭74.2 ⓮38 ⓯4,957 ⓰5.39 ⓱9.741 ⓲126 ⓳0.085 ⓴0.0643 ㉑0.2194 ㉒759 ㉓38 ㉔0.5492

5章 暗算

そろばんのたまを思いうかべることで、暗算ができるようになります。
暗算をマスターすると、とてもべんりです。

レッスン33 暗算でたし算・ひき算

頭の中でたまを動かして計算をします。

いっしょにやってみよう

例題　頭の中でたまを動かしてみよう

そろばんを使わないで計算する**暗算**にちょうせんしてみよう！

そろばんを使わないで計算？どうやってやるの？

そろばんでする計算を頭の中でイメージしながら計算するんだよ。そろばんのたまを動かす感じで指を動かしてみるのもいいよ。

さっそくたし算をやってみよう。まずはそろばんの1をイメージしてみて！

こんな感じかな？

じゃあ次はそこに5をたしてみよう。

五だまをたせばいいんだよね。6になったよ。

OKだよ。次にそこから1をひいてみよう。ひくときはたまを消すイメージでね！

6から1を消せばいいんだね。5だまがのこったからこたえは5だ！

ココに注意！ 暗算では、たし算はたしたあと、ひき算はひいたあとのたまをイメージします。

いっしょにやってみよう ① 1＋3－2 を計算しよう

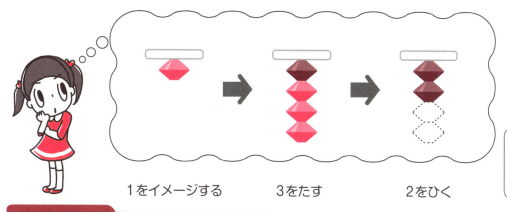

こたえ **2**

いっしょにやってみよう ② 41－30＋25 を計算しよう

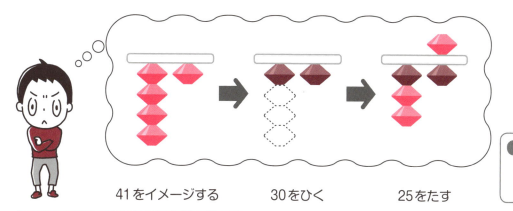

こたえ **36**

やってみよう　レベル1

① 1＋2＋1＝
② 5＋3－1＝
③ 3－2＋5＝
④ 6－5＋2＝
⑤ 8＋1－9＝
⑥ 7＋2－4＝
⑦ 22－11＋55＝
⑧ 13＋31－22＝
⑨ 99－88＋30＝
⑩ 74－50－23＝
⑪ 51＋36＋10＝
⑫ 49－5＋400＝

こたえは164ページ

レッスン34 暗算でかけ算

そろばんのかけ算と計算するじゅんばんが反対になります。

いっしょにやってみよう

例題　36×2を計算しよう

暗算のかけ算ではそろばんでの計算とはちがって、**こたえのたまだけをおいていけばいいんだよ。**

そうなんだ！それだとはやく計算できそうだね。

そして、暗算のかけ算はそろばんの計算とはぎゃくで、かけられる数の大きい位から計算するんだ。いっしょに計算してみよう！

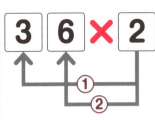

 3（かけられる数の十の位）×2のこたえ6をイメージします。

 6（かけられる数の一の位）×2のこたえ12を1ケタ右にずらしてたします。

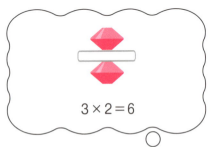

3×2＝6

次は6×2のこたえ12だね。暗算では1つ右にずらしてたすんだ。注意してね！

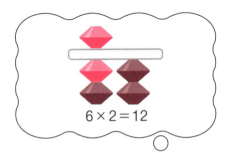

6×2＝12

こたえ
72

163ページのこたえ　❶4　❷7　❸6　❹3　❺0　❻5　❼66　❽22　❾41　❿1　⓫97　⓬444

いっしょにやってみよう ① 84 × 7 を計算しよう

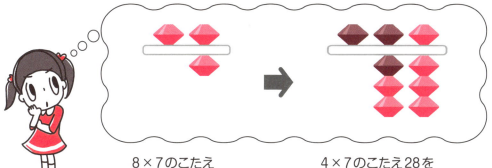

8 × 7 のこたえ 56 をイメージする

4 × 7 のこたえ 28 を1ケタ右にずらしてたす

こたえ **588**

いっしょにやってみよう ② 159 × 3 を計算しよう

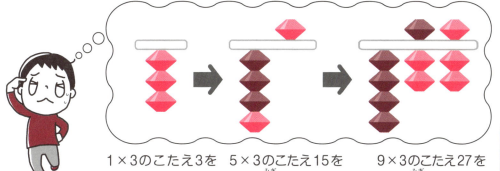

1 × 3 のこたえ 3 をイメージする

5 × 3 のこたえ 15 を1ケタ右にずらしてたす

9 × 3 のこたえ 27 を1ケタ右にずらしてたす

こたえ **477**

やってみよう　レベル2

❶ 23 × 4 =
❷ 45 × 2 =
❸ 12 × 3 =
❹ 34 × 2 =
❺ 72 × 8 =
❻ 96 × 9 =
❼ 81 × 6 =
❽ 52 × 4 =
❾ 290 × 3 =
❿ 134 × 2 =
⓫ 826 × 5 =
⓬ 409 × 7 =

★こたえの千の位と百の位の間にはコンマ(,)を書きましょう。

こたえは166ページ

レッスン35 暗算でわり算

頭の中でわり算のこたえをわられる数からひいていきます。

いっしょにやってみよう

例題　76÷2を計算しよう

わり算の暗算はわられる数だけをイメージして計算するんだよ！

じゃあ76だけをイメージすればいいんだね。

1 わられる数76をイメージします。

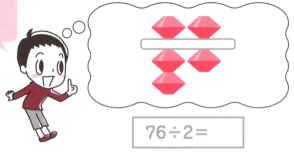

76÷2＝

2 7÷2を考えてこたえの3を数字で紙に書き、頭の中で3×2で6をわられる数からひきます。

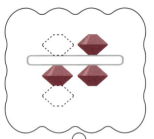

こたえを書いたら、いつものようにわられる数からひいていこう。

3 16÷2を考えてこたえの8を数字で書き、8×2で16をわられる数からひきます。

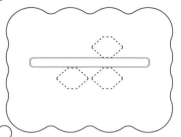

これでわられる数が全部ひけたね。こたえは38だ！

76÷2＝**3**

76÷2＝**38**

こたえ
38

165ページのこたえ　❶92　❷90　❸36　❹68　❺576　❻864　❼486　❽208　❾870　❿268　⓫4,130　⓬2,863

いっしょにやってみよう ① 248 ÷ 4 を計算しよう

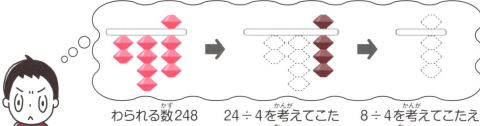

わられる数248をイメージする

24÷4を考えてこたえの6を書き、6×4で24をひく

248÷4＝**6**

8÷4を考えてこたえの2を書き、2×4で8をひく

248÷4＝**62**

こたえ **62**

いっしょにやってみよう ② 435 ÷ 3 を計算しよう

わられる数435をイメージする。4÷3を考えてこたえの1を書き、1×3で3をひく

435÷3＝**1**

13÷3を考えて、こたえの4を書く。4×3で12をひく

435÷3＝**14**

15÷3を考えて、こたえの5を書く。5×3で15をひく

435÷3＝**145**

こたえ **145**

ケタが大きくなってもなれれば上手に思いうかべられるようになるよ。

やってみよう　レベル3

1. 87 ÷ 3 ＝
2. 90 ÷ 2 ＝
3. 48 ÷ 4 ＝
4. 69 ÷ 3 ＝
5. 426 ÷ 6 ＝
6. 208 ÷ 4 ＝
7. 776 ÷ 8 ＝
8. 378 ÷ 9 ＝
9. 720 ÷ 2 ＝
10. 693 ÷ 3 ＝
11. 4,230 ÷ 5 ＝
12. 2,863 ÷ 7 ＝

こたえは168ページ

コラム 5

そろばんで長さの計算をしてみよう

そろばんを使うと、単位のちがう長さの計算をかんたんに行うことができます。

問題

かずくんの家から駅まで 620m、駅からけいちゃんの家まで 1.17km あります。かずくんの家から駅を通ってけいちゃんの家に行くと、合計で何 km になるでしょうか？

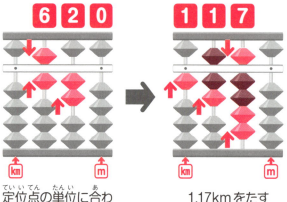

定位点の単位に合わせて620mをおく → 1.17kmをたす

kmとm、単位がちがっても定位点にkm、mをおくとかんたんだね。

こたえ
1.79km

167ページのこたえ　❶ 29　❷ 45　❸ 12　❹ 23　❺ 71　❻ 52　❼ 97　❽ 42　❾ 360　❿ 231　⓫ 846　⓬ 409

6章 検定試験にチャレンジ

ここまでマスターできたら、うでだめしをしてみましょう。
実際に行われている検定試験の問題を中心に紹介します。

検定試験ってどういうもの

本にのっている問題は全部終わったぞ！そろばんにもなれてきたなぁ。

すごいね！それじゃあ、次は検定試験にちょうせんしてみよう！

一通りそろばんを勉強してみて、自分のレベルをたしかめたいと思ったら、検定試験を受けてみてはどうでしょうか。

全国規模の珠算検定試験、暗算検定試験を行っている団体は3つあります。この本では、公益社団法人全国珠算学校連盟が行った全国珠算技能検定10～3級の問題と、解答をのせています。実際に検定試験を受ける前に、お家でちょうせんしてみてください。

検定試験の内容については、それぞれのホームページをみて、かくにんしましょう。

公益社団法人 全国珠算学校連盟

〒464-0850　愛知県名古屋市千種区今池3-1-3
TEL：052-732-5051　FAX：052-733-5413
URL：http://shuzan-gakko.com/

公益社団法人 全国珠算教育連盟

〒601-8438　京都府京都市南区西九条東比永城町28
TEL：075-681-1234　FAX：075-681-8897
URL：http://www.soroban.or.jp/

一般社団法人 日本珠算連盟

〒101-0047　東京都千代田区内神田1-17-9　TCUビル6階
TEL：03-3518-0188　FAX：03-3518-0189
URL：http://www.shuzan.jp/

全国珠算学校連盟の検定試験について

全国珠算技能検定

	乗算（かけ算）	除算（わり算）	見取算 （たし算・ひき算）	伝票算
10～4級	20題／10分	20題／10分	10題／8分	
3～1級	20題／10分	20題／10分	10題／8分	10題／8分

全国暗算技能検定

	乗暗算	除暗算	見取暗算
8～1級	30題／4分	30題／4分	15題／4分

※3級と2級の間には準2級、2級と1級の間には準1級があります。
※1級以上には初～10段までの段位があります。

伝票算について

全国珠算技能検定の3～1級・段位では、乗算、除算、見取算のほかに、伝票算の試験が加わります。この本では試験問題をのせていませんが、伝票算とは、伝票を1まいずつめくりながら、そこに書かれている数を計算していくものです。

表紙

中身

171

主催 公益社団法人 全国珠算学校連盟　後援 文部科学省

珠 算 技 能 検 定 試 験

１０　級　　　乗　算　問　題　　（制限時間10分）

受験番号

No.			No.		
1	80×9=		11	¥ 50×5=	
2	60×8=		12	¥ 90×6=	
3	50×7=		13	¥ 80×4=	
4	30×6=		14	¥ 40×7=	
5	20×5=		15	¥ 50×8=	
6	80×2=		16	¥ 30×4=	
7	90×3=		17	¥ 70×2=	
8	40×9=		18	¥ 90×7=	
9	70×3=		19	¥ 20×3=	
10	40×2=		20	¥ 60×6=	

主催 公益社団法人 全国珠算学校連盟　後援 文部科学省

珠 算 技 能 検 定 試 験

１０　級　　　除　算　問　題　　（制限時間10分）

受験番号

No.			No.		
1	480÷6=		11	¥ 80÷2=	
2	100÷2=		12	¥ 240÷8=	
3	540÷9=		13	¥ 160÷4=	
4	140÷7=		14	¥ 810÷9=	
5	270÷3=		15	¥ 240÷4=	
6	400÷5=		16	¥ 490÷7=	
7	200÷4=		17	¥ 160÷8=	
8	560÷8=		18	¥ 420÷6=	
9	180÷9=		19	¥ 300÷5=	
10	150÷5=		20	¥ 90÷3=	

【不許複製】

主催 公益社団法人 全国珠算学校連盟　後援　文部科学省

珠算技能検定試験

１０　級　　見　取　算　問　題　（制限時間８分）

採　点　欄

受験番号＿＿＿＿＿＿＿＿＿

No.	1	2	3	4	5
1	¥4	¥1	¥6	¥2	¥9
2	5	7	1	3	8
3	7	5	4	1	−3
4	3	9	−8	6	5
5	1	8	2	9	6
6	9	6	3	7	−2
7	8	2	−5	4	7
計					

No.	6	7	8	9	10
1	¥3	¥5	¥8	¥1	¥7
2	2	6	3	4	5
3	7	8	−4	5	−1
4	9	1	5	3	2
5	6	4	9	2	8
6	4	7	2	6	−9
7	1	9	−6	8	3
計					

【不許複製】

主催 公益社団法人 全国珠算学校連盟　後援 文部科学省

珠算技能検定試験

9 級　　乗算問題　（制限時間10分）

採点欄 ×

受験番号

No.		No.	
1	90×3=	11	¥ 40×8=
2	24×2=	12	¥ 68×5=
3	50×9=	13	¥ 80×6=
4	36×2=	14	¥ 43×9=
5	30×5=	15	¥ 60×4=
6	82×7=	16	¥ 17×3=
7	70×9=	17	¥ 70×8=
8	59×3=	18	¥ 94×6=
9	60×2=	19	¥ 20×7=
10	75×4=	20	¥ 51×8=

【不許複製】

主催 公益社団法人 全国珠算学校連盟　後援 文部科学省

珠算技能検定試験

9 級　　除算問題　（制限時間10分）

採点欄 ÷

受験番号

No.		No.	
1	60÷3=	11	¥ 360÷9=
2	292÷4=	12	¥ 395÷5=
3	420÷7=	13	¥ 180÷6=
4	182÷2=	14	¥ 42÷3=
5	350÷5=	15	¥ 540÷9=
6	364÷7=	16	¥ 244÷4=
7	400÷8=	17	¥ 720÷8=
8	384÷8=	18	¥ 288÷9=
9	160÷2=	19	¥ 280÷4=
10	150÷6=	20	¥ 430÷5=

主催 公益社団法人 **全国珠算学校連盟** 後援 文部科学省

珠算技能検定試験

9 級　　見取算問題　（制限時間8分）

採点欄

受験番号　_____

№.	1	2	3	4	5
1	¥ 3	¥ 1	¥ 89	¥ 2	¥ 50
2	85	6	7	39	2
3	4	87	1	7	−9
4	21	3	−60	4	78
5	6	92	4	80	3
6	70	5	23	1	6
7	9	40	−5	65	−14
計					

№.	6	7	8	9	10
1	¥ 9	¥ 72	¥ 3	¥ 61	¥ 4
2	6	5	70	4	12
3	74	10	−8	9	5
4	8	6	91	27	−3
5	53	84	6	5	90
6	1	9	−42	30	8
7	20	3	5	8	−76
計					

【不許複製】

主催 公益社団法人 全国珠算学校連盟　後援 文部科学省

第286回　珠算技能検定試験

8級　　乗算問題　　（制限時間10分）

受験番号

No.		No.	
1	529×2=	11	¥ 915×6=
2	975×9=	12	¥ 459×7=
3	608×7=	13	¥ 284×3=
4	183×4=	14	¥ 502×8=
5	436×5=	15	¥ 637×2=
6	851×6=	16	¥ 190×5=
7	307×3=	17	¥ 348×6=
8	794×8=	18	¥ 701×9=
9	240×9=	19	¥ 263×4=
10	162×7=	20	¥ 876×8=

【不許複製】

主催 公益社団法人 全国珠算学校連盟　後援 文部科学省

第286回　珠算技能検定試験

8級　　除算問題　　（制限時間10分）

受験番号

No.		No.	
1	318÷6=	11	¥ 208÷4=
2	752÷8=	12	¥ 360÷6=
3	609÷7=	13	¥ 54÷3=
4	80÷2=	14	¥ 801÷9=
5	248÷4=	15	¥ 200÷8=
6	531÷9=	16	¥ 72÷2=
7	114÷3=	17	¥ 630÷7=
8	490÷7=	18	¥ 365÷5=
9	105÷5=	19	¥ 112÷8=
10	96÷6=	20	¥ 423÷9=

【不許複製】

主催 公益社団法人 全国珠算学校連盟　後援 文部科学省

第286回　珠算技能検定試験

採点欄

8級　見取算問題　（制限時間8分）

受験番号 _____

No.	1	2	3	4	5
1	¥ 20	¥ 16	¥ 75	¥ 43	¥ 89
2	64	59	86	95	70
3	89	72	−30	18	46
4	48	90	62	37	−15
5	31	23	40	76	52
6	10	84	−57	29	31
7	57	38	91	60	−24
計					

No.	6	7	8	9	10
1	¥ 32	¥ 94	¥ 67	¥ 18	¥ 50
2	60	87	24	53	91
3	84	28	−56	70	−43
4	73	45	30	91	68
5	28	10	95	36	72
6	90	56	41	27	−19
7	15	73	−80	49	26
計					

【不許複製】

主催 公益社団法人 全国珠算学校連盟　後援 文部科学省

第286回　珠 算 技 能 検 定 試 験

7　級　　乗 算 問 題　　（制限時間10分）

受験番号

No.		No.	
1	97×86=	11	¥ 43×31=
2	32×94=	12	¥ 70×87=
3	53×30=	13	¥ 69×46=
4	40×18=	14	¥ 16×60=
5	75×27=	15	¥ 91×79=
6	64×95=	16	¥ 20×24=
7	28×42=	17	¥ 34×83=
8	80×63=	18	¥ 58×90=
9	61×71=	19	¥ 85×15=
10	19×50=	20	¥ 72×52=

【不許複製】

主催 公益社団法人 全国珠算学校連盟　後援 文部科学省

第286回　珠 算 技 能 検 定 試 験

7　級　　除 算 問 題　　（制限時間10分）

受験番号

No.		No.	
1	6,183÷9=	11	¥ 1,048÷2=
2	4,416÷6=	12	¥ 5,070÷6=
3	870÷3=	13	¥ 959÷7=
4	3,212÷4=	14	¥ 3,005÷5=
5	1,570÷5=	15	¥ 2,152÷8=
6	922÷2=	16	¥ 8,577÷9=
7	5,075÷7=	17	¥ 1,110÷3=
8	2,008÷4=	18	¥ 2,448÷6=
9	1,431÷9=	19	¥ 6,336÷8=
10	7,584÷8=	20	¥ 744÷4=

【不許複製】

主催 公益社団法人 全国珠算学校連盟　後援 文部科学省

第286回　珠算技能検定試験

7級　　見取算問題　　（制限時間8分）

採点欄

受験番号

No.	1	2	3	4	5
1	¥15	¥40	¥92	¥36	¥78
2	76	81	34	20	95
3	23	96	−49	87	60
4	90	35	−72	43	58
5	45	71	80	16	−93
6	34	82	51	79	−10
7	12	74	30	28	67
8	68	20	−56	95	41
9	70	59	−68	41	−32
10	89	63	17	50	−24
計					

No.	6	7	8	9	10
1	¥21	¥70	¥54	¥69	¥83
2	59	83	67	20	94
3	72	48	90	56	−17
4	43	19	−26	87	−60
5	80	36	−71	24	59
6	95	24	10	31	82
7	46	50	93	78	27
8	13	75	−84	30	61
9	60	12	−58	49	−35
10	78	96	32	15	−40
計					

主催 公益社団法人 全国珠算学校連盟　後援 文部科学省

第286回　珠算技能検定試験

6級　乗算問題　(制限時間10分)

No.		No.	
1	937×97=	11	¥ 603×91=
2	19×463=	12	¥ 96×432=
3	345×59=	13	¥ 570×15=
4	82×905=	14	¥ 81×257=
5	420×36=	15	¥ 762×49=
6	63×871=	16	¥ 35×308=
7	216×28=	17	¥ 897×73=
8	58×702=	18	¥ 48×610=
9	504×64=	19	¥ 109×84=
10	71×180=	20	¥ 24×526=

主催 公益社団法人 全国珠算学校連盟　後援 文部科学省

第286回　珠算技能検定試験

6級　除算問題　(制限時間10分)

No.		No.	
1	2,656÷32=	11	¥ 4,732÷52=
2	3,360÷84=	12	¥ 8,075÷95=
3	840÷60=	13	¥ 1,200÷24=
4	5,135÷79=	14	¥ 2,414÷71=
5	2,300÷25=	15	¥ 570÷30=
6	912÷16=	16	¥ 3,149÷67=
7	1,271÷41=	17	¥ 920÷46=
8	4,060÷58=	18	¥ 7,448÷98=
9	6,120÷90=	19	¥ 1,066÷13=
10	1,073÷37=	20	¥ 5,040÷80=

【不許複製】

主催 公益社団法人 全国珠算学校連盟　後援　文部科学省

第286回　珠算技能検定試験

6級　見取算問題　（制限時間8分）

採点欄

受験番号 ＿＿＿＿＿＿＿＿＿＿＿

No.	1	2	3	4	5
1	¥24	¥680	¥35	¥91	¥708
2	310	19	48	205	63
3	85	207	924	69	12
4	62	53	-109	728	-47
5	756	861	-25	47	-390
6	419	75	81	306	152
7	38	984	560	683	21
8	504	32	-73	17	945
9	92	460	-637	59	-834
10	173	97	412	840	-56
計					

No.	6	7	8	9	10
1	¥587	¥19	¥640	¥412	¥83
2	103	478	96	59	791
3	76	302	-83	264	-170
4	290	86	-457	901	-52
5	49	64	190	587	36
6	34	921	58	73	805
7	860	35	706	14	-28
8	617	51	29	820	-976
9	25	734	-382	63	49
10	98	250	-71	35	604
計					

【不許複製】

主催 公益社団法人 全国珠算学校連盟　後援 文部科学省

第286回　　珠算技能検定試験

5級　　乗算問題　（制限時間10分）

受験番号

No.		No.	
1	740×936=	11	¥ 438×480=
2	415×305=	12	¥ 206×713=
3	658×461=	13	¥ 145×602=
4	1,732×82=	14	¥ 94×3,426=
5	809×647=	15	¥ 862×851=
6	286×250=	16	¥ 721×135=
7	391×529=	17	¥ 689×904=
8	507×193=	18	¥ 370×298=
9	63×7,018=	19	¥ 5,103×79=
10	924×874=	20	¥ 957×567=

【不許複製】

主催 公益社団法人 全国珠算学校連盟　後援 文部科学省

第286回　　珠算技能検定試験

5級　　除算問題　（制限時間10分）

受験番号

No.		No.	
1	59,954÷62=	11	¥ 21,359÷53=
2	12,096÷504=	12	¥ 38,124÷706=
3	62,478÷78=	13	¥ 8,280÷69=
4	8,170÷430=	14	¥ 17,751÷291=
5	76,242÷97=	15	¥ 6,086÷17=
6	34,146÷813=	16	¥ 42,394÷902=
7	20,520÷36=	17	¥ 76,608÷84=
8	11,997÷129=	18	¥ 33,642÷378=
9	30,855÷51=	19	¥ 10,575÷45=
10	9,310÷245=	20	¥ 51,680÷680=

【不許複製】

主催 公益社団法人 全国珠算学校連盟　後援 文部科学省

第286回　珠算技能検定試験

5級　見取算問題　（制限時間8分）

採点欄

受験番号

No.	1	2	3	4	5
1	¥ 154	¥ 6,207	¥ 519	¥ 283	¥ 8,750
2	4,270	849	3,802	695	127
3	682	3,960	-1,094	9,107	548
4	2,593	128	-735	4,819	6,324
5	7,401	5,086	452	8,064	-903
6	976	475	2,143	738	-5,281
7	512	8,190	9,671	326	7,134
8	1,364	256	-830	5,047	369
9	839	743	-6,584	165	-2,610
10	3,058	9,371	276	7,920	-495
計					

No.	6	7	8	9	10
1	¥ 9,530	¥ 345	¥ 8,492	¥ 451	¥ 7,046
2	687	8,072	175	9,734	380
3	5,029	431	2,740	-8,627	693
4	2,718	-795	916	-380	4,851
5	469	-6,128	3,067	241	5,760
6	342	9,356	518	7,584	195
7	7,084	523	6,209	1,032	978
8	165	-4,810	783	619	8,102
9	3,601	-267	4,398	-905	6,723
10	897	1,904	650	-5,263	249
計					

主催 公益社団法人 全国珠算学校連盟　後援 文部科学省

第286回　　珠算技能検定試験

4級　　乗算問題　（制限時間10分）

受験番号

No.		No.	
1	4,015×837=	11	¥ 9,713×807=
2	8,254×206=	12	¥ 7,420×436=
3	1,980×368=	13	¥ 1,305×691=
4	3,841×542=	14	¥ 584×7,182=
5	64,372×79=	15	¥ 6,849×953=
6	9,638×925=	16	¥ 3,657×309=
7	5,903×193=	17	¥ 9,126×245=
8	6,027×671=	18	¥ 47,062×18=
9	759×8,104=	19	¥ 8,931×560=
10	2,176×450=	20	¥ 2,508×724=

主催 公益社団法人 全国珠算学校連盟　後援 文部科学省

第286回　　珠算技能検定試験

4級　　除算問題　（制限時間10分）

受験番号

No.		No.	
1	780,858÷923=	11	¥ 605,360÷752=
2	163,856÷308=	12	¥ 218,584÷614=
3	84,940÷274=	13	¥ 81,228÷2,901=
4	619,974÷86=	14	¥ 130,975÷325=
5	210,975÷435=	15	¥ 518,562÷873=
6	110,916÷702=	16	¥ 715,340÷940=
7	521,269÷659=	17	¥ 114,943÷137=
8	328,387÷541=	18	¥ 461,472÷506=
9	42,240÷160=	19	¥ 97,036÷68=
10	912,981÷9,817=	20	¥ 327,630÷489=

【不許複製】

主催 公益社団法人 全国珠算学校連盟　後援 文部科学省

第286回　　　珠 算 技 能 検 定 試 験

4　級　　　見 取 算 問 題　　（制限時間8分）

採　点　欄

受験番号

No.	1	2	3	4	5
1	¥ 341	¥ 87,420	¥ 4,962	¥ 72,409	¥ 5,236
2	45,287	1,386	86,041	583	93,402
3	21,650	59,701	−3,257	45,618	6,749
4	8,971	64,152	−50,768	9,384	71,563
5	53,102	3,047	94,310	68,051	−82,954
6	60,824	72,695	8,542	37,460	−189
7	7,396	48,961	21,903	1,629	50,628
8	18,679	2,806	−75,134	89,275	38,170
9	32,540	90,538	−695	20,197	−4,751
10	9,435	793	12,378	6,730	−21,034
計					

No.	6	7	8	9	10
1	¥ 15,980	¥ 4,758	¥ 217	¥ 91,523	¥ 6,395
2	9,362	70,531	43,986	2,718	58,403
3	68,914	−28,140	7,603	−54,379	1,728
4	30,526	−9,265	89,457	−162	42,670
5	467	13,724	64,078	30,945	20,869
6	51,073	87,602	1,965	68,204	9,127
7	84,790	5,491	90,842	−7,586	31,064
8	2,831	93,084	36,710	−85,017	536
9	49,758	−61,523	2,395	13,460	74,819
10	7,206	−369	50,281	4,932	87,950
計					

主催 公益社団法人 全国珠算学校連盟　後援 文部科学省

第286回　珠算技能検定試験

3級　乗算問題　(制限時間10分)

(注意) 無名数で小数第3位未満の端数が出たとき、名数で円位未満の端数が出たときは四捨五入すること。

受験番号

No.		No.	
1	3,416×412=	11	¥ 2,384×501=
2	6,105×823=	12	¥ 1,409×647=
3	1.937×0.091=	13	¥ 4,912×0.875=
4	72.543×58=	14	¥ 867×7.183=
5	80.29×27.9=	15	¥ 7,035×29.4=
6	0.4781×0.186=	16	¥ 9,176×0.059=
7	9.852×730=	17	¥ 5,621×132=
8	5.374×6.07=	18	¥ 6,450×4.68=
9	2,690×354=	19	¥ 8,793×920=
10	0.068×964.5=	20	¥ 30.825×0.36=

主催 公益社団法人 全国珠算学校連盟　後援 文部科学省

第286回　珠算技能検定試験

3級　除算問題　(制限時間10分)

(注意) 無名数で小数第3位未満の端数が出たとき、名数で円位未満の端数が出たときは四捨五入すること。

受験番号

No.		No.	
1	573.136÷634=	11	¥ 221,958÷531=
2	626,080÷860=	12	¥ 718,952÷892=
3	70.448÷0.28=	13	¥ 19,521÷361.5=
4	159.960÷372=	14	¥ 44,213÷247=
5	96.957÷513=	15	¥ 60÷0.096=
6	0.35113÷4.81=	16	¥ 86,924÷124=
7	4,192.52÷746=	17	¥ 5,746÷0.68=
8	801.009÷9.207=	18	¥ 9,087÷9.75=
9	0.020341÷0.059=	19	¥ 309,660÷780=
10	13,474.5÷19.5=	20	¥ 106÷0.403=

【不許複製】

主催 公益社団法人 全国珠算学校連盟　後援 文部科学省

第286回　　　　　　珠 算 技 能 検 定 試 験

採 点 欄

3　級　　　見 取 算 問 題　（制限時間8分）

受験番号

No.	1	2	3	4	5
1	¥ 674	¥ 150,768	¥ 9,423	¥ 27,810	¥ 520,687
2	951,036	48,192	831,690	5,423	75,901
3	32,548	574,930	65,741	960,257	2,394
4	5,817	261	−780,356	38,769	−403,528
5	704,352	95,874	−3,815	812,340	−156
6	13,209	7,346	204,793	43,195	947,268
7	6,124	326,980	17,069	509,682	81,327
8	480,691	89,025	−287	6,549	316,470
9	27,839	601,437	−56,824	174,308	−9,143
10	869,750	3,512	492,105	761	−68,059
計					

No.	6	7	8	9	10
1	¥ 32,486	¥ 457,809	¥ 7,910	¥ 159,832	¥ 815
2	840,579	5,421	687	21,480	390,524
3	73,942	−392,568	14,325	960,371	4,986
4	291,760	−973	860,491	−4,986	53,107
5	7,513	140,236	93,208	−594	806,742
6	908,672	86,150	671,854	38,267	1,965
7	56,301	703,918	2,763	475,019	68,372
8	4,895	69,472	305,621	−83,540	712,049
9	615,320	−1,065	48,359	−702,163	27,318
10	148	−28,743	529,074	6,257	945,630
計					

珠算技能検定試験　解答

		乗算		除算		見取算
解答 10級	1	720	1	80	1 ¥	37
	2	480	2	50	2 ¥	38
	3	350	3	60	3 ¥	3
	4	180	4	20	4 ¥	32
	5	100	5	90	5 ¥	30
	6	160	6	80	6 ¥	32
	7	270	7	50	7 ¥	40
	8	360	8	70	8 ¥	17
	9	210	9	20	9 ¥	29
	10	80	10	30	10 ¥	15
	11 ¥	250	11 ¥	40		
	12 ¥	540	12 ¥	30		
	13 ¥	320	13 ¥	40		
	14 ¥	280	14 ¥	90		
	15 ¥	400	15 ¥	60		
	16 ¥	120	16 ¥	70		
	17 ¥	140	17 ¥	20		
	18 ¥	630	18 ¥	70		
	19 ¥	60	19 ¥	60		
	20 ¥	360	20 ¥	30		
解答 9級	1	270	1	20	1 ¥	198
	2	48	2	73	2 ¥	234
	3	450	3	60	3 ¥	59
	4	72	4	91	4 ¥	198
	5	150	5	70	5 ¥	116
	6	574	6	52	6 ¥	171
	7	630	7	50	7 ¥	189
	8	177	8	48	8 ¥	125
	9	120	9	80	9 ¥	144
	10	300	10	25	10 ¥	40
	11 ¥	320	11 ¥	40		
	12 ¥	340	12 ¥	79		
	13 ¥	480	13 ¥	30		
	14 ¥	387	14 ¥	14		
	15 ¥	240	15 ¥	60		
	16 ¥	51	16 ¥	61		
	17 ¥	560	17 ¥	90		
	18 ¥	564	18 ¥	32		
	19 ¥	140	19 ¥	70		
	20 ¥	408	20 ¥	86		

8級 解答

	乗算		除算		見取算	
1	1,058	1	53	1 ¥		319
2	8,775	2	94	2 ¥		382
3	4,256	3	87	3 ¥		267
4	732	4	40	4 ¥		358
5	2,180	5	62	5 ¥		249
6	5,106	6	59	6 ¥		382
7	921	7	38	7 ¥		393
8	6,352	8	70	8 ¥		121
9	2,160	9	21	9 ¥		344
10	1,134	10	16	10 ¥		245
11 ¥	5,490	11 ¥	52			
12 ¥	3,213	12 ¥	60			
13 ¥	852	13 ¥	18			
14 ¥	4,016	14 ¥	89			
15 ¥	1,274	15 ¥	25			
16 ¥	950	16 ¥	36			
17 ¥	2,088	17 ¥	90			
18 ¥	6,309	18 ¥	73			
19 ¥	1,052	19 ¥	14			
20 ¥	7,008	20 ¥	47			

7級 解答

	乗算		除算		見取算	
1	8,342	1	687	1 ¥		522
2	3,008	2	736	2 ¥		621
3	1,590	3	290	3 ¥		59
4	720	4	803	4 ¥		495
5	2,025	5	314	5 ¥		240
6	6,080	6	461	6 ¥		567
7	1,176	7	725	7 ¥		513
8	5,040	8	502	8 ¥		107
9	4,331	9	159	9 ¥		459
10	950	10	948	10 ¥		254
11 ¥	1,333	11 ¥	524			
12 ¥	6,090	12 ¥	845			
13 ¥	3,174	13 ¥	137			
14 ¥	960	14 ¥	601			
15 ¥	7,189	15 ¥	269			
16 ¥	480	16 ¥	953			
17 ¥	2,822	17 ¥	370			
18 ¥	5,220	18 ¥	408			
19 ¥	1,275	19 ¥	792			
20 ¥	3,744	20 ¥	186			

		乗　算		除　算		見　取　算
解答	1	90,889	1	83	1 ¥	2,463
	2	8,797	2	40	2 ¥	3,468
	3	20,355	3	14	3 ¥	1,216
	4	74,210	4	65	4 ¥	3,045
	5	15,120	5	92	5 ¥	574
	6	54,873	6	57	6 ¥	2,739
	7	6,048	7	31	7 ¥	2,940
	8	40,716	8	70	8 ¥	726
	9	32,256	9	68	9 ¥	3,228
	10	12,780	10	29	10 ¥	1,142
6級	11 ¥	54,873	11 ¥	91		
	12 ¥	41,472	12 ¥	85		
	13 ¥	8,550	13 ¥	50		
	14 ¥	20,817	14 ¥	34		
	15 ¥	37,338	15 ¥	19		
	16 ¥	10,780	16 ¥	47		
	17 ¥	65,481	17 ¥	20		
	18 ¥	29,280	18 ¥	76		
	19 ¥	9,156	19 ¥	82		
	20 ¥	12,624	20 ¥	63		

		乗　算		除　算		見　取　算
解答	1	692,640	1	967	1 ¥	21,849
	2	126,575	2	24	2 ¥	35,265
	3	303,338	3	801	3 ¥	7,620
	4	142,024	4	19	4 ¥	37,164
	5	523,423	5	786	5 ¥	13,963
	6	71,500	6	42	6 ¥	30,522
	7	206,839	7	570	7 ¥	8,631
	8	97,851	8	93	8 ¥	27,948
	9	442,134	9	605	9 ¥	4,486
	10	807,576	10	38	10 ¥	34,977
5級	11 ¥	210,240	11 ¥	403		
	12 ¥	146,878	12 ¥	54		
	13 ¥	87,290	13 ¥	120		
	14 ¥	322,044	14 ¥	61		
	15 ¥	733,562	15 ¥	358		
	16 ¥	97,335	16 ¥	47		
	17 ¥	622,856	17 ¥	912		
	18 ¥	110,260	18 ¥	89		
	19 ¥	403,137	19 ¥	235		
	20 ¥	542,619	20 ¥	76		

解答 4級

		乗　算		除　算		見　取　算
	1	3,360,555	1	846	1 ¥	258,225
	2	1,700,324	2	532	2 ¥	431,499
	3	728,640	3	310	3 ¥	98,282
	4	2,081,822	4	7,209	4 ¥	351,336
	5	5,085,388	5	485	5 ¥	156,820
	6	8,915,150	6	158	6 ¥	320,907
	7	1,139,279	7	791	7 ¥	175,893
	8	4,044,117	8	607	8 ¥	387,534
	9	6,150,936	9	264	9 ¥	64,638
	10	979,200	10	93	10 ¥	333,561
	11 ¥	7,838,391	11 ¥	805		
	12 ¥	3,235,120	12 ¥	356		
	13 ¥	901,755	13 ¥	28		
	14 ¥	4,194,288	14 ¥	403		
	15 ¥	6,527,097	15 ¥	594		
	16 ¥	1,130,013	16 ¥	761		
	17 ¥	2,235,870	17 ¥	839		
	18 ¥	847,116	18 ¥	912		
	19 ¥	5,001,360	19 ¥	1,427		
	20 ¥	1,815,792	20 ¥	670		

解答 3級

		乗　算		除　算		見　取　算
	1	1,407,392	1	904	1 ¥	3,092,040
	2	5,024,415	2	728	2 ¥	1,898,325
	3	176.267	3	251.6	3 ¥	779,539
	4	4,207,494	4	430	4 ¥	2,579,094
	5	2,240.091	5	189	5 ¥	1,463,161
	6	0.089	6	0.073	6 ¥	2,831,616
	7	7,191,960	7	5.62	7 ¥	1,039,657
	8	32,620.18	8	87	8 ¥	2,534,292
	9	952,260	9	0.345	9 ¥	869,943
	10	65.586	10	691	10 ¥	3,011,508
	11 ¥	1,194,384	11 ¥	418		
	12 ¥	911,623	12 ¥	806		
	13 ¥	4.298	13 ¥	54		
	14 ¥	6,227,661	14 ¥	179		
	15 ¥	206.829	15 ¥	625		
	16 ¥	541	16 ¥	701		
	17 ¥	741,972	17 ¥	8,450		
	18 ¥	30.186	18 ¥	932		
	19 ¥	8,089,560	19 ¥	397		
	20 ¥	11.097	20 ¥	263		

監修

堀野　晃（ほりの・あきら）

1958年東京生まれ。千葉大学工学部卒業。東京都中野区にて「そろばん教室　江原速算研究塾」を経営。公益社団法人全国珠算学校連盟理事。日本数学協会理事。全国珠算教育団体連合会学習指導要領専門委員。著書に『図解でよくわかる！ そろばん入門ドリル』（PHP研究所）、『脳をきたえる 絵でわかるそろばん式暗算ドリル』（日東書院本社）など。

本文デザイン	──	FANTAGRAPH
本文イラスト	──	春原弥生
制作協力	──	ニシ工芸
校　　正	──	竹野仁悦
編集協力	──	キャデック　小田島誓子
編集担当	──	柳沢裕子（ナツメ出版企画）

ナツメ社Webサイト
https://www.natsume.co.jp
書籍の最新情報（正誤情報を含む）は
ナツメ社Webサイトをご覧ください。

本書に関するお問い合わせは、書名・発行日・該当ページを明記の上、下記のいずれかの方法にてお送りください。電話でのお問い合わせはお受けしておりません。

・ナツメ社webサイトの問い合わせフォーム
　https://www.natsume.co.jp/contact
・FAX（03-3291-1305）
・郵送（下記、ナツメ出版企画株式会社宛て）

なお、回答までに日にちをいただく場合があります。正誤のお問い合わせ以外の書籍内容に関する解説・個別の相談は行っておりません。あらかじめご了承ください。

集中力&計算力アップ！　かならずわかる！　はじめてのそろばん

2015年1月1日　初版発行
2025年4月10日　第14刷発行

監修者　堀野　晃　　　　　　　　　　　　　　　　　　　　Horino Akira,2015
発行者　田村正隆

発行所　株式会社ナツメ社
　　　　東京都千代田区神田神保町1-52　ナツメ社ビル1F（〒101-0051）
　　　　電話 03（3291）1257（代表）　　Fax 03（3291）5761
　　　　振替 00130-1-58661

制　作　ナツメ出版企画株式会社
　　　　東京都千代田区神田神保町1-52　ナツメ社ビル3F（〒101-0051）
　　　　電話 03（3295）3921（代表）

印刷所　株式会社リーブルテック

ISBN978-4-8163-5748-0　　　　　　　　　　　　　　　　　　Printed in Japan

本書の一部または全部を、著作権法で定められている範囲を超え、ナツメ出版企画株式会社に無断で複写、複製、転載、データファイル化することを禁じます。

＜定価はカバーに表示してあります＞＜乱丁・落丁本はお取り替えします＞